スピットファイア戦闘機物語——目次

JN138684

まえがき　3

第1章　スピットファイア戦闘機の誕生　13

第2章　スピットファイア戦闘機の構造と量産　23

第3章　スピットファイア戦闘機のエンジン　33

第4章　スピットファイア戦闘機の型式　39

第5章　艦上戦闘機型スピットファイア　107

第6章　スピットファイア戦闘機の長所と短所　119

第7章 異形のスピットファイア戦闘機 131
第8章 スピットファイア戦闘機の後継機 137
第9章 戦場のスピットファイア戦闘機 143
第10章 戦後のスピットファイア戦闘機 179
第11章 スピットファイア戦闘機の戦闘配置と戦闘行動 187
第12章 スピットファイア戦闘機のエースたち 195
あとがき 219

スピットファイア戦闘機物語

——イギリス国民が讃える救国の戦闘機

第1章 スピットファイア戦闘機の誕生

スピットファイア戦闘機はイギリス人の誇りであると共に、イギリス人の魂ともいえる戦闘機で、第二次世界大戦を生き抜いたイギリス国民にとっては、まさに救国の戦闘機であったと表現できる航空機である。

スピットファイア戦闘機は一人の天才的な航空機設計者によって設計された。彼の名はレジナルド・J・ミッチェルといった。ミッチェルは一八九五年（明治二十八年）五月にイギリス中部のスタッフォードシャー州で生まれた。学校を卒業すると地元の機関車製造会社に入社し、機関車製造に関わる設計の仕事についた。しかし彼は機関車の設計に飽きたらず、すでに時代の先端の乗り物として注目を集めていた航空機の設計者をめざし、航空機製造メーカーとしてはイギリスでは新進気鋭の会社であったスーパーマリン社に転職したのだ。彼が二二歳のとき（一九一七年／大正六年）であった。

高速水上機S6

同社は初期の水上機の設計と製作を行ないこれら機体の販売も合わせて行なっていたが、ここで彼は飛行機の設計に関する天分の才能を発揮したのである。彼の設計する水上機は極めて高性能で一躍、航空界の注目を集めることになった。この実績により彼は転職三年目には早くも同社の主任設計者になっていたのだ。

一九二五年当時、エアレースとして世界的にその名が知れ渡っていたものに、シュナイダー・トロフィー・レースがあった。これは主に水上機の速度を競うもので、すでにイタリアとアメリカの間で激しいトロフィー獲得の競争が展開されていた。

一九三一年にミッチェルは同レースの栄冠を獲得すべく、高速水上機S6を製作し、熾烈な勝負に挑み見事に優勝したのである。この機体はその後もエンジンを含め改良され、最終的な速度記録は時速六六〇キロを記録している。そして彼はその直後にエアレースで優勝した高速機の設計を活かし、イギリス空軍が一九三〇年に提示した次期戦闘機の試作（F7／30）に応募したのだ。

このとき彼が応募した戦闘機はType224と呼ばれる機体で、固定脚式で単葉逆ガル式の主翼を持つ斬新なスタイルと構造の単

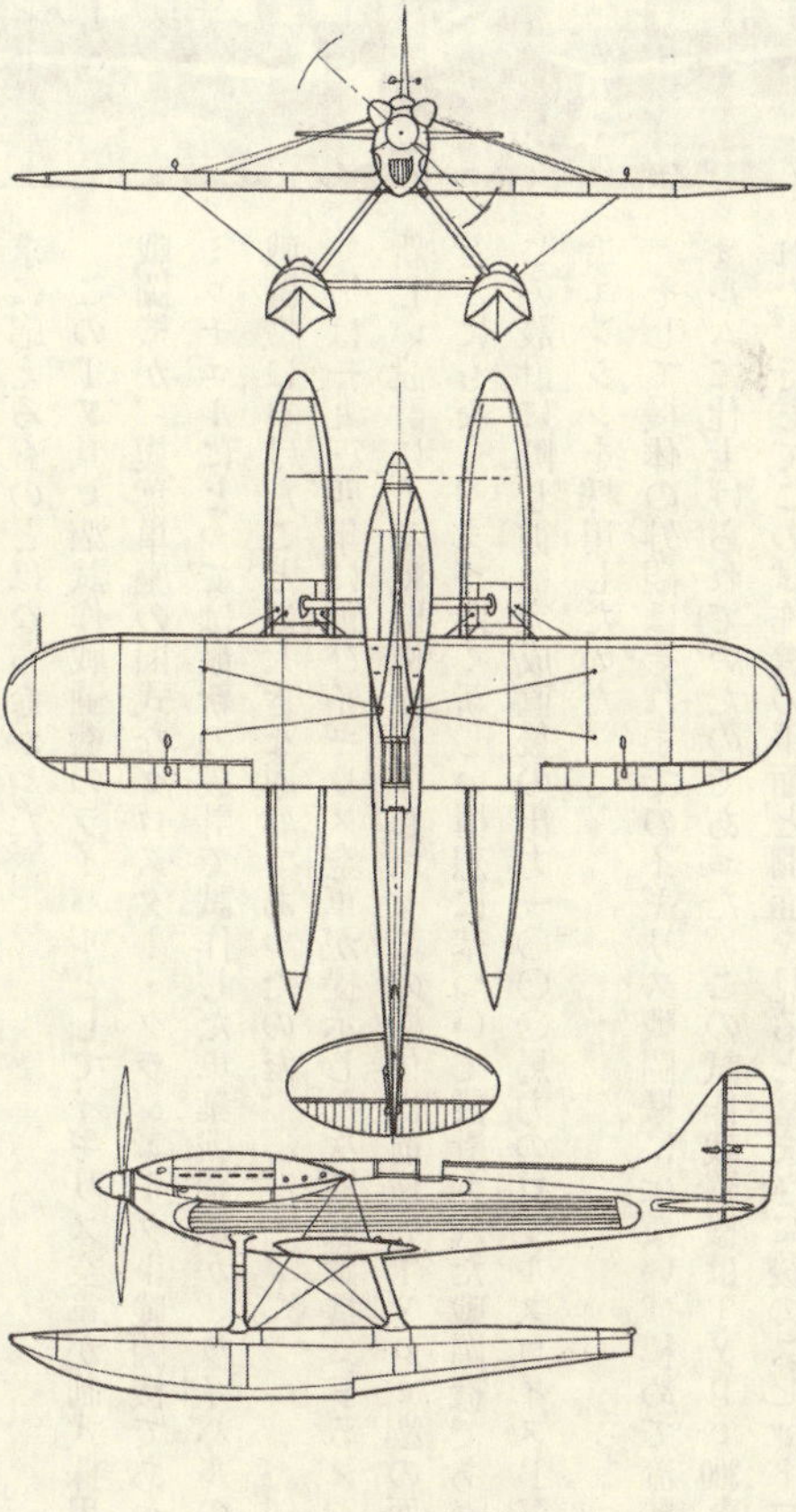

高速水上機 S6

試作機224

座戦闘機であった。しかしこの戦闘機は機体重量に対しエンジン出力が弱く、操縦性能も悪く、彼の理想ばかりが空回りする機体となりイギリス空軍の要求に応えるものとはならなかった。

このＴｙｐｅ224試作戦闘機のライバルとしてイギリス空軍が制式採用した戦闘機が、複葉単座の旧式なグロスター・グラジエーター戦闘機であった。ミッチェルにとっては最新の設計で試作した単葉戦闘機が、ライバルの複葉戦闘機に負けたことは大きな屈辱であったのだ。

彼は一九三四年に再びイギリス空軍が提示した次期戦闘機（Ｆ５／34）に新しい設計による戦闘機で応募した。この機体は前作のＴｙｐｅ224の面影はどこにもなく、まったく新しい構想に基づいて設計された戦闘機であった。この設計に際し彼は完成直後の出力一〇〇〇馬力のロールスロイスＰＶ12液冷エンジンを採用したのだ。

そして機体の外観はそれまでのイギリス戦闘機にはない、極めて流麗なフォルムに仕上げられていたのであった。この試作戦闘機はＴｙｐｅ300と呼ばれた。そしてこの試作機の平面と側面を見ると、まさに後のスピットファイア戦闘機の姿そのままだったのである。

本機の前作Ｔｙｐｅ224との違いは歴然としており、Ｔｙｐｅ300は全金属製

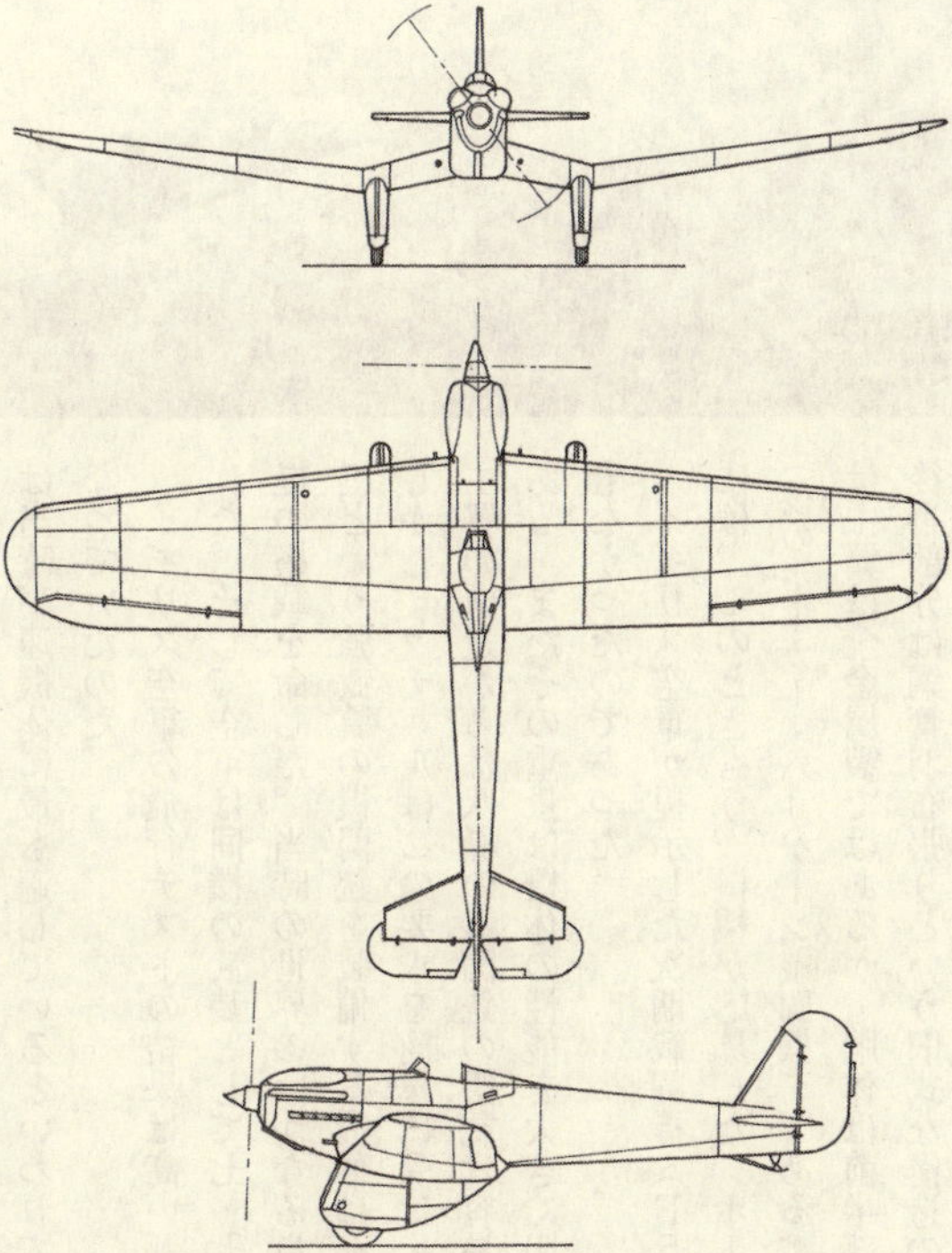

試作機 Type224

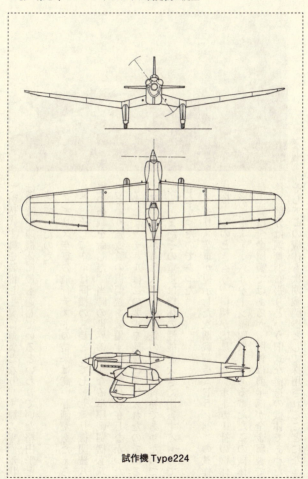

試作機300

で引込式主脚を装備し主翼は薄翼となり、主翼の平面形状は当時高速機体に最も適しているといわれていた楕円形となっていたのだ。

イギリス空軍の飛行テストの結果は高い評価があたえられた。そして空軍は同機の武装として七・七ミリ機関銃八梃の搭載を命じた。当時の世界のいかなる単座戦闘機も八梃という強武装の機関銃を装備する機体は存在しなかった。しかしミッチェルはこの要求を簡単に受け入れたのである。主翼の構造からは八梃の機関銃の搭載は容易であったのである。またその重量は機体の性能を大きく阻害するものでもなかったのであった。

イギリス空軍が提示した次期戦闘機（F5／34）の試作には、このときもう一機種が応募した。ホーカー社の機体（後のホーカー・ハリケーン戦闘機）である。ただこの機体は主翼は全金属製ではあるが、胴体は前半部が全金属製で後半部分は鋼管羽布張りという旧式な構造の機体であった。そしてこの機体も次期戦闘機として採用されることになっ

ホーカー・ハリケーン試作戦闘機

たのである。

空軍としてはＴｙｐｅ300に採用後に不都合が起きた場合には、この旧式設計のホーカー社の戦闘機を主力戦闘機として採用する計画であったのだ。しかし結果的にはこの二機種が次期戦闘機として採用され、量産されることになったのであった。

Ｔｙｐｅ300試作機の外観上の最大の特徴は、その主翼の形状であった。絶妙ともいえる曲線で形成された楕円形の主翼は、機体の空気抵抗の低減に大きく寄与することになったのである。じつは楕円形主翼は機体を製作する上からは、その製作過程が複雑であることから量産向きではなく、少量の試験機には採用されても、決して好ましい形状の主翼とはいえなかったのだ。

Ｔｙｐｅ300試作機は一九三六年二月に完成し、三月に試験飛行が行なわれた。その後の一連の空軍のテストにおいて本機は最高時速五六六キロを出した。この速力は同時にテストされていたホーカー社の試作機（後のホーカー・ハリケーン戦闘機）の最高時速五一一キロを大幅に超えるもので、イギリス空軍の喜びは大きかったのだ。

（注）スーパーマリン社は小規模航空機メーカーであり、一九二八年にはイギリス最大の軍需産業メーカーであるヴィッカース社の傘下に入り、社名はヴィッカース・スーパーマリン社と変わっていた。

一九三六年六月にイギリス空軍は、ホーカー社の試作戦闘機とともにＴｙｐｅ300試作機を次期戦闘機として制式に採用したのであった。そしてＴｙｐｅ300試作機には、イギリス空軍から「スーパーマリン・スピットファイア」の呼称を与えられ、量産命令が出されたのであった。命令された量産数は三一〇機であった。

スピットファイア（Spitfire）とは、イギリス人が使ういわゆる俗語（スラング）で、「短気者」あるいは「癇癪持ちの女性」を意味するものである。イギリスの軍艦や軍用機の名称・愛称には、このような日本ではとうてい通用しないような俗語や単語がつけられる場合が多いが、これはイギリス人特有のユーモアのセンスによるものであろう。なおイギリスの軍用機にはアメリカや日本あるいはドイツのように、機種別または製造会社別に一連の番号を付すことはなく、開発され制式採用された航空機に対し、空軍が機種別に愛称・呼称を付けるのみとなっていた。

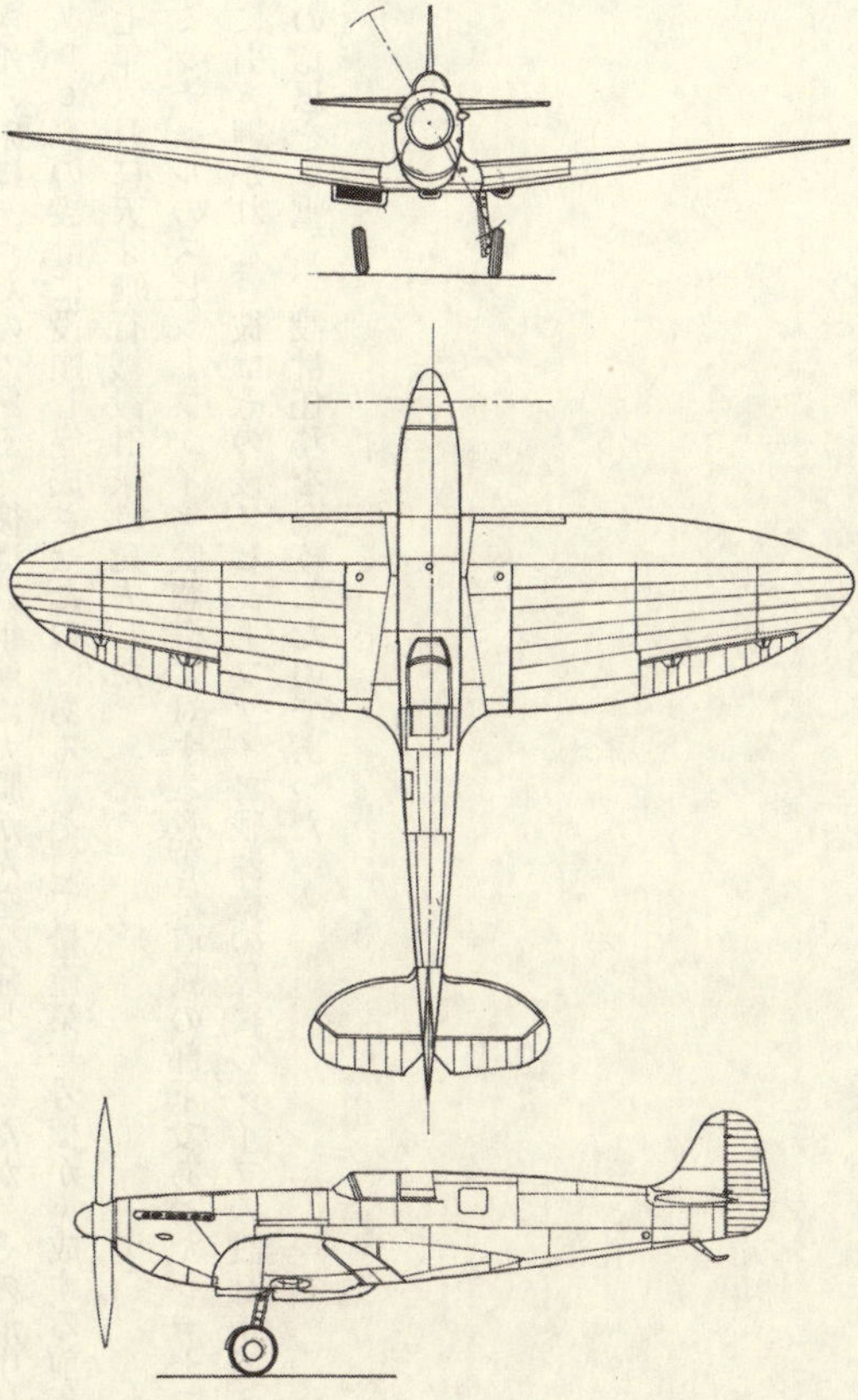

試作機 Type300

スピットファイア戦闘機は制式採用され量産命令も受けたが、設計者のミッチェルはこのとき死の床にあったのである。彼は数年前に大腸がんを発症していたが、その最中にあってType300の設計に没頭し完成させたのである。そして量産第一号機が完成する前年の一九三七年六月に天才飛行機設計家は死去した。

ミッチェルのスピットファイア戦闘機に対する意思は直属の部下であったジョセフ・スミスに引き継がれた。彼はその後スピットファイア戦闘機の最終のタイプの設計までミッチェルの意思を尊重し、設計任務を全うしたのであった。

第2章 スピットファイア戦闘機の構造と量産

スピットファイア戦闘機の構造にはいくつかの特徴があった。そしてそのそれぞれがこの戦闘機の長所になり、また短所になったのであった。その特徴の一つがイギリス空軍最初の全金属製戦闘機であったことである。つまり全金属応力外皮構造（モノコック構造）の全面採用であり、これは同時代の軍用機のほぼすべてが採用していた鋼管羽布張り一部金属構造の機体に対し、空力的に格段に優れた設計で、本機のその後のさらなる高速戦闘機としての発達を促進することになったのだ。また全金属製としたために本機の高速戦闘機としての楕円翼を可能にしたのであった。

一方スピットファイア戦闘機には外観上に大きな特徴があった。その一つがエンジン冷却液の冷却装置（ラジエーター）の主翼下面への装備であった。また今一つが主車輪の外側引込式構造にあった。この二つの外観上の特徴は本戦闘機が最終的な発達を遂げるまで大きな欠点となったのである。

ミッチェルがType300に期待したものは高速戦闘機であった。本機が時速五一〇キロを大きく超える速力が出せると自負していたのは、彼の考案による独特の楕円平面の主翼とその主翼の絶妙な翼厚にあったといえよう。Type300の翼厚比（主翼付根の弦長をその断面の厚さで割った比）は一三パーセントであった。この値は同じ時期に試作されていた競合試作機の、その後のホーカー・ハリケーンの翼厚比一六パーセントの厚翼に比較し、Type300が基本的に高速機を意識していたことを裏付けるものであったと考えられるのである。そしてType300の楕円平面翼そのものも特筆すべき形状であったのだ。それは次の理由によるものである。

同じ面積の主翼を持つ機体は、同じアスペクト比（主翼の縦幅と横幅に比率）の主翼であれば、楕円翼は主翼に発生する誘導抵抗が最小になり、高速機向きの主翼として推奨できると当時は考えられていたのだ。またこの場合、楕円翼は翼端失速が発生しにくく、空中戦において激しい操作が続いても機体のコントロールが失われず、高速戦闘機特有の旋回時の失速が発生し難い、という理論にミッチェルは自信を持っていたのであった。

ただし楕円翼は平面型が連続する曲線のつながりであるために、工作上は多数の形状の異なる部材を準備する必要があり、この種の主翼の組み立ては本来は決して大量生産向きではなかったのだ。結果的にスピットファイア（シーファイアも含む）が二万機以上も量産されたことは、航空機産業の一つの奇跡でもあったといえるのである。

一方スピットファイア戦闘機の胴体は、当時としては先進的な全金属セミモノコック構造（応力外皮構造）が採用されており、ライバル関係にあるホーカー・ハリケーン戦闘機の胴体の主構造である鋼管羽布張り構造とは、格段な違いを示していたのである。

スピットファイア戦闘機の外観上の特徴である主翼下面へのラジエーターの装備と外側引込式の主脚構造は、結果論ではあるが本機の最大の欠陥として特徴づける構造となってしまったのであった。

ミッチェルが本機になぜ外側引込式の主車輪を採用したのか、その真意は不明であるが、外側引込式を採用した場合には、主翼内への車輪の収容場所を設けるために、機体の主翼内の各種装備のための有効な収容場所を大きく制限することになるのである。またラジエーターの主翼下面への配置は、同じく主翼内の有効な収容場所を大きく制限することになるのである。

事実このためにスピットファイア戦闘機の主翼内には、燃料タンクが配置できる空間がなくなってしまったのであった。このためにスピットファイア戦闘機の航続距離は同時期のライバルの単発戦闘機に比較し極端に短くなり、多くの作戦行動上の不都合を生じることになったのであった。偶然ではあるがライバルのドイツのメッサーシュミットＭｅ109戦闘機もスピットファイア戦闘機とまったく同じく、主翼下面のラジエーターの配置と外側引込式主車輪を装備しており、後に航続距離の短さに大きく悩まされることになったのである。

液冷エンジン付単座戦闘機のラジエーター配置位置は、一般的にはエンジン下面または胴体下面である。エンジン下面の代表的な例にはアメリカのカーチスP40、イギリスのホーカー・タイフーンやホーカー・テンペスト戦闘機がある。また胴体下面配置の代表的な例にはアメリカのノースアメリカンP51や日本陸軍の三式戦闘機「飛燕」がある。いずれも内側引込式車輪を装備し、主翼内には片翼だけでも最低二〇〇リットル容量の燃料タンクを装備している。

スピットファイア戦闘機の燃料タンクは、もともとはエンジンと操縦席の間に二段式の燃料タンクが配置されていた。この燃料タンクの容量は合計三八七リットルで、一〇〇〇馬力エンジンのＴｙｐｅ300であれば航続距離九〇〇～一〇〇〇キロは保証されていたのである。

第二次世界大戦勃発当時にヨーロッパ諸国が開発していた単発戦闘機の航続距離は、最大でも一〇〇〇キロ程度であった。航続距離の短い理由は、陸続きのヨーロッパ内陸では仮に航空戦が生じても最前線基地はつねに陸上にあり、行動半径も一五〇～二五〇キロの範囲であり、航続距離が六〇〇キロ程度でも戦闘機の行動半径としては十分と考えられていたのである。そのためにスピットファイア戦闘機もメッサーシュミットＭｅ109戦闘機も当初の設計では燃料タンクの容量を拡大する必要性はなかったのである。つまりスピットファイア戦闘機の航続距離の絶対的不足は、戦闘機の運用体系が戦域によって大幅に変わった結果、生ま

スピットファイア戦闘機の主車輪間隔

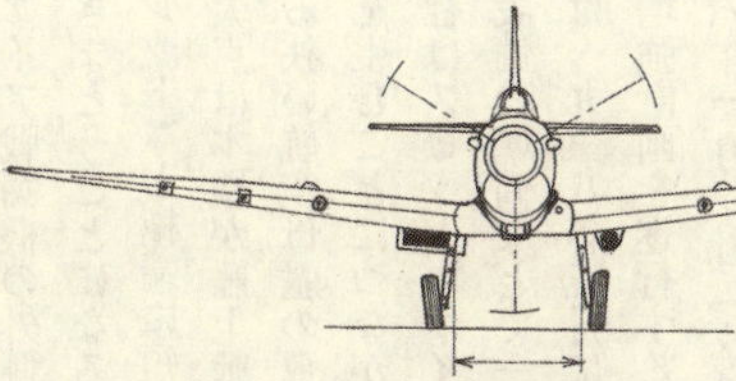

スピットファイア戦闘機

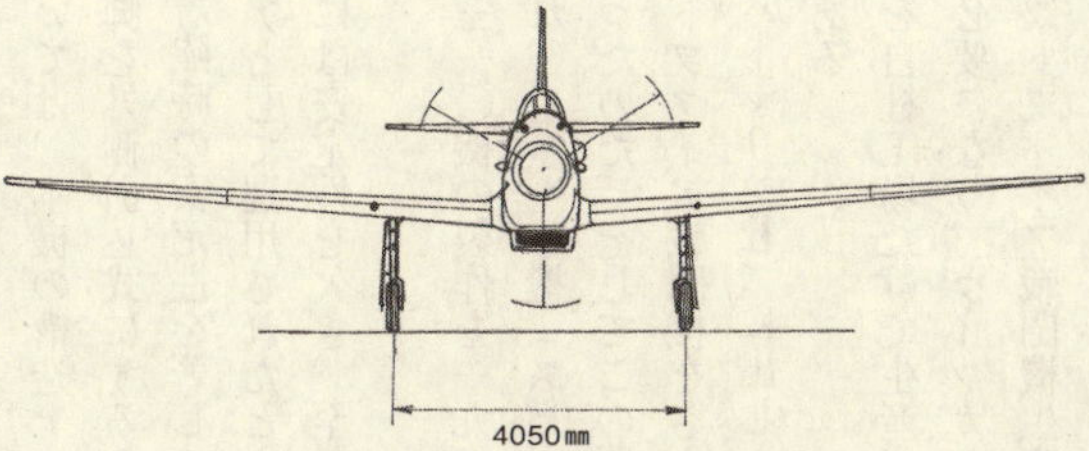

三式戦闘機キ61「飛燕」

れた不幸な欠点であったといえるのである。

ただスピットファイア戦闘機の外側引込式主脚については、本機の構造上の最大の欠点として、その後も付きまとうことになるのであった。主脚を外側引込式にすることによる欠点は、主脚の幅（トレッド）が極端に短くなり、機体の着陸時の安定性を著しく欠くことになるのである。この欠点は本機が艦上戦闘機シーファイアとして運用されたときに如実に表われ、左右に動揺する狭い航空母艦の飛行甲板への着艦には安定性を欠き、至難の操作となり多くの着艦事故機を生むことにつながったのであった。

スーパーマリン社はスピットファイアの初期生産型三一〇機の製作を一九三七年三月より開始したが、生産設備の準備などで一号機の完成は遅れ、生産一号機（スピットファイア1型）が完成したのは一九三八年五月にずれ込んでしまったのだ。そしてこの間にイギリス空軍は大至急の戦力増強計画を遂行するために、スピットファイア戦闘機をさらに一〇〇〇機増産の命令をスーパーマリン社（ヴィッカース・スーパーマリン社）に出したのであった。当時のヨーロッパの状況は緊迫の度を増していたのである。

スーパーマリン社は当初、スピットファイア戦闘機を自社工場だけで生産する計画であったが、この大量生産を実施するためには工場の拡張が必要になり、ヴィッカース・スーパーマリン社は同社のキャッスル・ブロミッジ工場をスピットファイア戦闘機生産専用工場に転用することにしたのである。この工場はバーミンガムにあり、ヴィッカース社が自動車製造

スピットファイア戦闘機燃料タンク配置
（後期 16 型の場合）

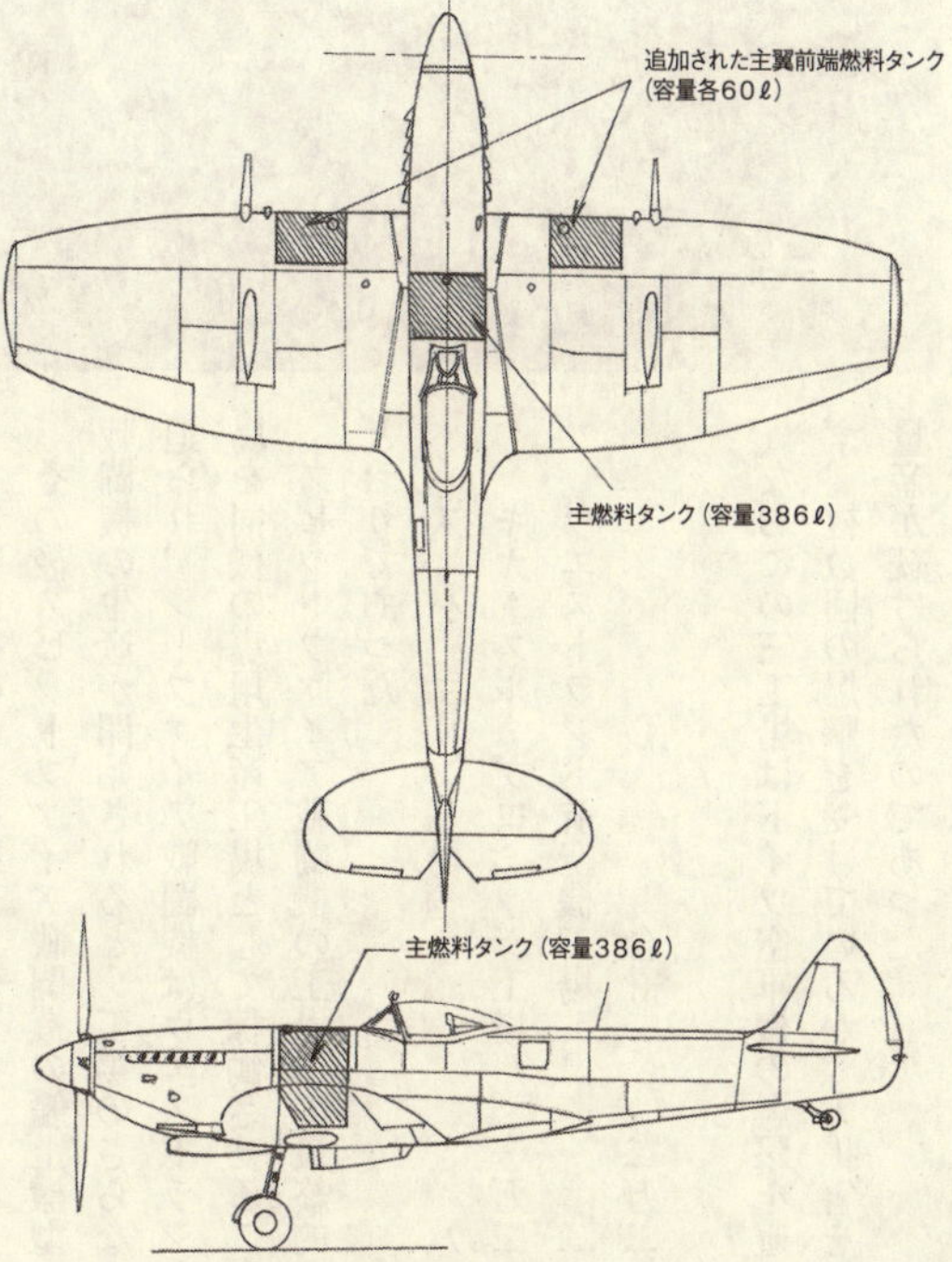

スピットファイア 16 型：燃料タンク容量　合計 506 ℓ
航続距離　1062 ㎞
三式戦闘機キ 61「飛燕」2 改型
燃料タンク容量　合計 595 ℓ
航続距離　2000 ㎞

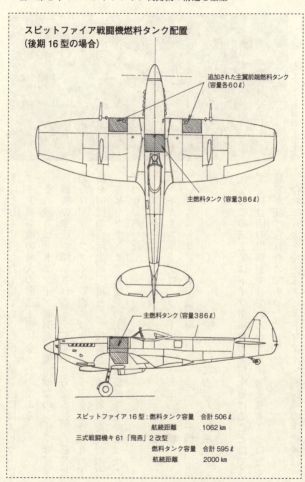

スピットファイア戦闘機生産工場

工場として建設した工場であったが、結果的にはスピットファイア戦闘機の最大の製造工場になったのである。

その後スピットファイア戦闘機の艦上機型のシーファイア戦闘機の生産が開始されると、工場のさらなる拡張の必要に迫られ、シーファイア戦闘機はウエストランド航空機社の工場を同機の専用生産工場として稼働させることになったのだ。

スピットファイア戦闘機の工場別の最終的な生産量は次のとおりであった。

スーパーマリン工場	八一七八機
キャッスル・ブロミッジ工場	一万二〇二四機
ウエストランド航空機工場	二六六一機
合計	二万二八六三機

なおこの三工場はドイツ空軍機の爆撃を避けることはできず、複数回の爆撃を受けているが、大損害を被ることはなく量産が続けられたのであった。

合計二万機を超えるスピットファイア戦闘機の生産量は、

第二次大戦中に生産された単発戦闘機としては第二位の記録となっているのである。第一位はドイツ空軍のメッサーシュミットＭｅ109戦闘機で、総生産量は三万五〇〇機、ちなみに第三位は同じくドイツ空軍のフォッケウルフＦｗ190戦闘機で、その総生産は二万一機であった。なおスピットファイア戦闘機とともに戦ったホーカー・ハリケーン戦闘機の総生産数は一万二七八〇機である。

第3章　スピットファイア戦闘機のエンジン

スピットファイア戦闘機が優れた戦闘機として発展を遂げた最大の要因は、機体の絶妙な設計構造にもあったが、この機体にマッチした最適なエンジンの存在があったからこそである。

イギリスのロールスロイス社は航空機用のエンジンや乗用車の製造企業として、一九〇六年に設立された会社であった。同社の航空機用エンジン部門は一九二〇年代後半に液冷のケストレルV型エンジン（最大出力七五〇馬力）を開発したが、このエンジンは極めて優れた性能を発揮したのである。

ミッチェルはこのエンジンをさらに出力アップしたロールスロイスRエンジンを搭載した競技用水上機S6を設計し、見事にシュナイダー・トロフィー・レースに優勝したのであった。このエンジンは当時としては破格の最大出力二三五〇馬力を発揮するエンジンだった。

ロールスロイス社はこのエンジンの経験を活かし、一九三四年に液冷V一二気筒の汎用エンジンPV12を開発したのだ。このエンジンの最大出力は一〇〇〇馬力で、その性能はイギリス空軍の要求する次期戦闘機用のエンジンに完全に合致したのであった。そしてこのエンジンが以後、ロールスロイス社の戦闘機用エンジンの基本となり、このエンジンから開発されたのが有名な「ロールスロイス・マーリン系エンジン」なのであった。そしてこのエンジンをさらに出力アップして開発されたのが、より強力な「ロールスロイス・グリフォン系エンジン」だったのである

当初最大出力一〇〇〇馬力であったエンジンは、その後一〇三〇馬力から一一八五馬力へと出力アップされ、これらはマーリン2型、3型、さらにマーリン45型エンジンと呼称され量産された。そしてスピットファイア戦闘機やハリケーン戦闘機に搭載されたのである。

マーリン系エンジンは直列六気筒エンジンをV型に並列に並べ、一二本のシリンダーで一本のクランクシャフトを通じてプロペラを回転させる、常識的な構造の液冷エンジンである。スピットファイア戦闘機のライバルとなったドイツのメッサーシュミットMe109戦闘機のダイムラー・ベンツエンジンも、同じ液冷一二気筒エンジンであるが、このエンジンは六気筒直列エンジンを逆V型に配置しクランクシャフトを回転させる方式が採られている。この形式のエンジンは「倒立Vエンジン」と呼称される。

第二次大戦中に大量生産された代表的な液冷一二気筒エンジンには、ロールスロイス・マ

ダイムラー・ベンツDB601エンジン

ーリン系エンジンの他に、ドイツのダイムラー・ベンツ系エンジン、そしてアメリカのアリソン系エンジン、ソ連のクリモフ系エンジンがある。

マーリン系エンジンがスピットファイア戦闘機のエンジンとして最適となった理由は、スピットファイア5型で代表される当初の最大出力一一八五馬力の一段二速式過給器付きエンジン（マーリン45）に、二段二速式の過給器を装備することにより、最大出力一五八〇馬力が高空でも維持できる高性能エンジン（マーリン61）に変化させたためであった。この方式によりエンジン気化器への空気の供給方式は、高空でも高濃度の酸素が供給できるようになり、このマーリン61エンジンが開発されたからこそ、スピットファイア戦闘機は、格段の性能向上を見た戦闘機へと進化したのであった。

なおこのマーリン61エンジンはアメリカのパッカード社（自動車製造会社）がライセンス生産し、パッカード・マーリンエンジンとしてノースアメリカンP51戦闘機に装備され、同機に高性能を発揮させたのである。

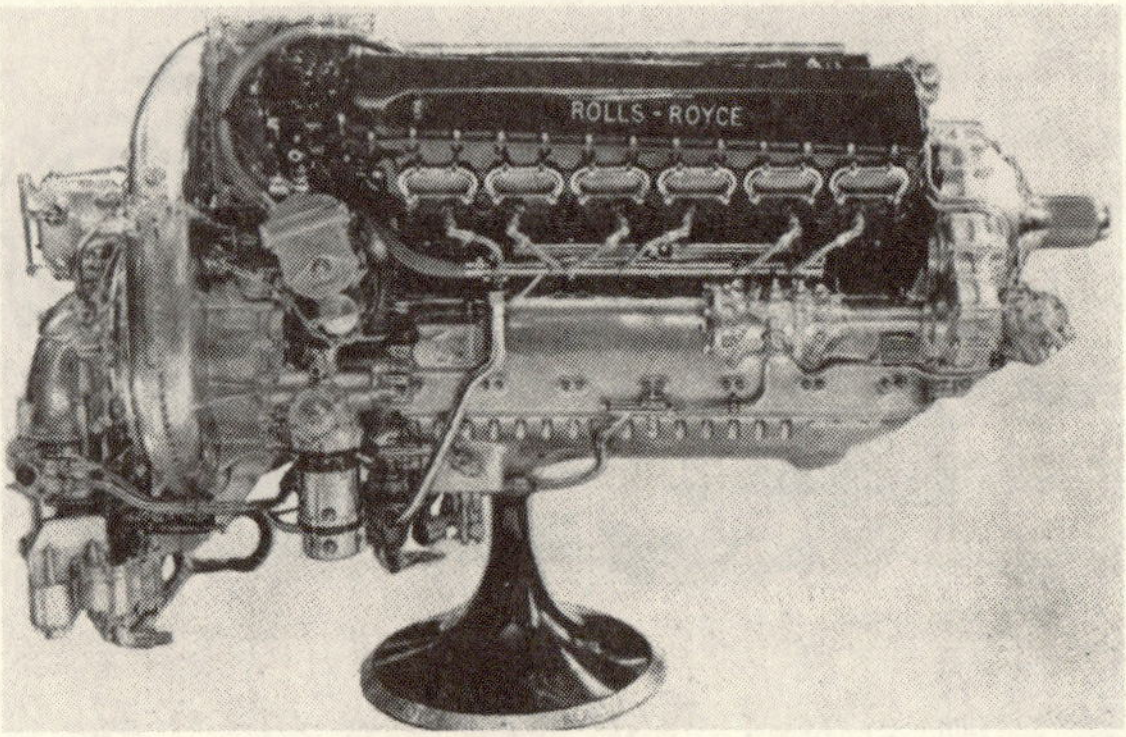

ロールスロイス・マーリン61エンジン

高空でのエンジン出力を確保する方法は、高空であってもエンジンシリンダー内に低高度における酸素濃度と同等に近い空気を送り込むことである。エンジンシリンダーに低高度と同じ程度の濃度の酸素を供給する方法としては、エンジンの排気ガスを利用してタービンを回転させ空気を圧縮し、酸素含有率の高い空気を確保する排気タービン方式があるが、この二段二速式はエンジンの回転力を利用してタービンを作動させ、酸素含有率の高い空気を確保する方式である。マーリンエンジンで採用された二段二速式過給器は排気タービン方式ほどの効力は得難いが、ある程度の酸素含有率の高い空気を確保することが可能で、高空での性能向上を期待することができるのである。

二段二速過給器方式は、装置自体の重量が軽く取り扱いが容易で、確実に作動する装置として液冷エンジンの過給器には理想的なものであった。

マーリン60系エンジンのさらなる出力アップには、

二段二速過給器構造概念図

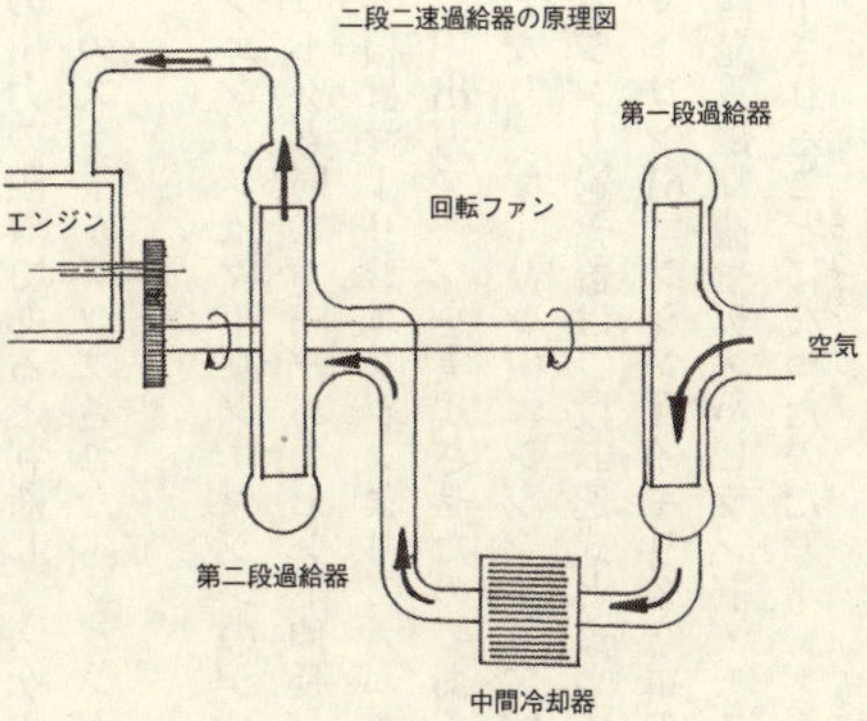

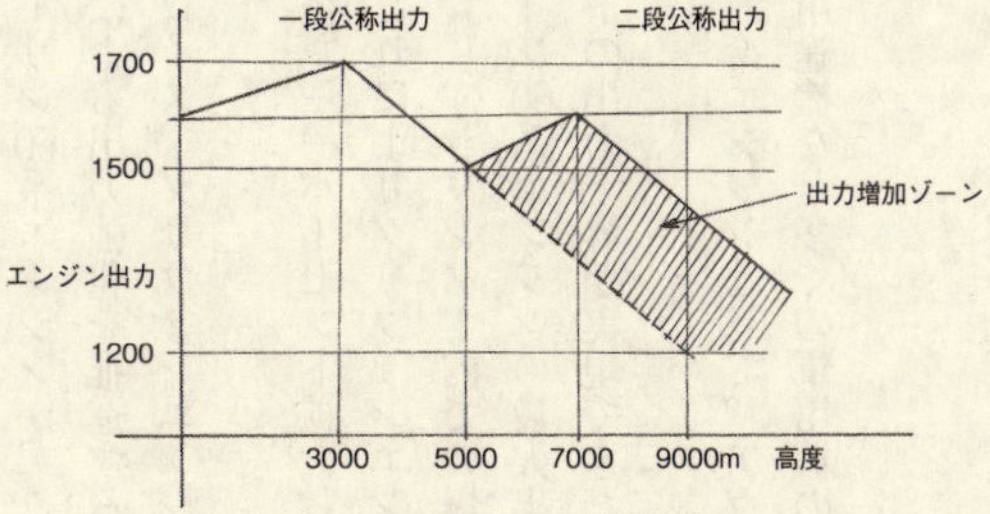

二段二速過給器の付加による方式もあるが、より高出力を得るためには、既存のエンジンシリンダー自体の拡大が必要である。ロールスロイス社はマーリン60系エンジンが、この系列のエンジンの出力の限界であると判断し、スケールアップによる出力強化を推進することにしたのだ。このスケールアップされたエンジンがロールスロイス・グリフォンエンジンであった。

グリフォンエンジンはマーリンエンジンのシリンダー直径を一一パーセント拡大し、シリンダーストロークも同じく一一パーセント伸長したのだ。これによりグリフォンエンジンのシリンダー容積はマーリンエンジンより二六パーセント拡大し、シリンダー内での爆発力が大幅に高まり、出力アップを実現させたのである。グリフォン60系エンジンの最大出力は二〇三五馬力となり、マーリン61エンジンより二四パーセントの出力上昇が実現できたのであった。本エンジンも過給器は二段二速式となっている。

ちなみにマーリン61エンジンはイギリス空軍の代表的な液冷エンジンとして、アヴロ・ランカスター四発重爆撃機やデ・ハビランド・モスキート多用途機など多くの軍用機のエンジンとして活用されることになったのだ。

第４章　スピットファイア戦闘機の型式

スピットファイア戦闘機の量産第一号機がロールアウトしたのは、一九三八年五月であった。そして量産最終機が工場を出たのは一九四八年二月のことであった。つまりスピットファイア戦闘機は一〇年間にわたり量産が続けられた戦闘機であったのだ。これほど長きにわたり生産が続けられた戦闘機は本機以外には、アメリカのヴォートF４Uコルセア艦上戦闘機が存在するくらいである。

スピットファイア戦闘機はこの一〇年間に戦闘機型二四型式、偵察機型四型式が量産され、試作のみで終わった二型式を含めると合計三〇型式という多数のタイプが誕生した、世界で最も多くの型式が派生した戦闘機といえるのである。

そして最初の量産型の１型と最終生産型の24型ではまったく別機種を思わせる進化、変化を遂げているのである。当然ながらその性能も格段な違いがあり、最高時速では優に時速一五〇キロの差が生じていたのであった。

スピットファイア戦闘機の改良は、一機種の改良としては限界をこえた、ともいわれるほどであるが、これはライバルとなったドイツ空軍のメッサーシュミットＭｅ109やフォッケウルフＦｗ190との性能競争があったからの結果で、スピットファイア戦闘機のその後の発達の歴史は、まさにドイツ戦闘機との抜きつ抜かれつの性能競争によって生まれたものだったのである。

スピットファイア1型（Ｍｋ1）

スピットファイア戦闘機の最初の量産型である1型が、スーパーマリン社工場からロールアウトしたのは一九三八年五月のことであった。以後1型は一九四二年一月まで生産が続けられ、合計一五六六機が生産された。

1型の外観はスピットファイア戦闘機の原型であるＴｙｐｅ300と大きく違うところはない。変更された個所はコックピットの形状が実戦向き戦闘機用の風防に変更されたこと、主翼に八梃の七・七ミリ機関銃が搭載されたこと、そして主翼の平面の外板の張り方が量産向きに変更された三点であった。

原型機Ｔｙｐｅ300の風防はフラットな形状であったが、1型では丸みを帯びたプレキシガラスに変更され、パイロットの視界の向上に努めている。また風防前面には厚い防弾ガラス

スーパーマリン・スピットファイア戦闘機1型

が装備された。主翼には片方それぞれ四梃の七・七ミリ機関銃が装備され、弾薬数は各五〇〇発であった。なおホーカー・ハリケーン戦闘機は主翼に合計一二梃の七・七ミリ機関銃を装備しており、第二次世界大戦で活躍した戦闘機の中では最も多数の機銃を装備した単座戦闘機となった。

プロペラは初期生産の七七機までは木製の固定ピッチの二枚羽のものが装着されたが、生産七八号機からは金属製固定ピ

ホーカー・ハリケーン戦闘機1型

ッチの三枚羽式が装着されている。

1型の仕様は次のとおりである。

全幅　一一・二三メートル
全長　九・一二メートル
自重　二三二八キログラム
エンジン　ロールスロイス・マーリン2型または3型（液冷V一二気筒）
最大出力　一〇三〇馬力
最高時速　五八二キロ
実用上昇限度　九七二三メートル
航続距離　九二五キロ
武装　七・七ミリ機関銃八梃。
後期生産型は二〇ミリ機関砲二門、七・七ミリ機関銃四梃

ホーカー・ハリケーン戦闘機の量産型（1型）は、スピッ

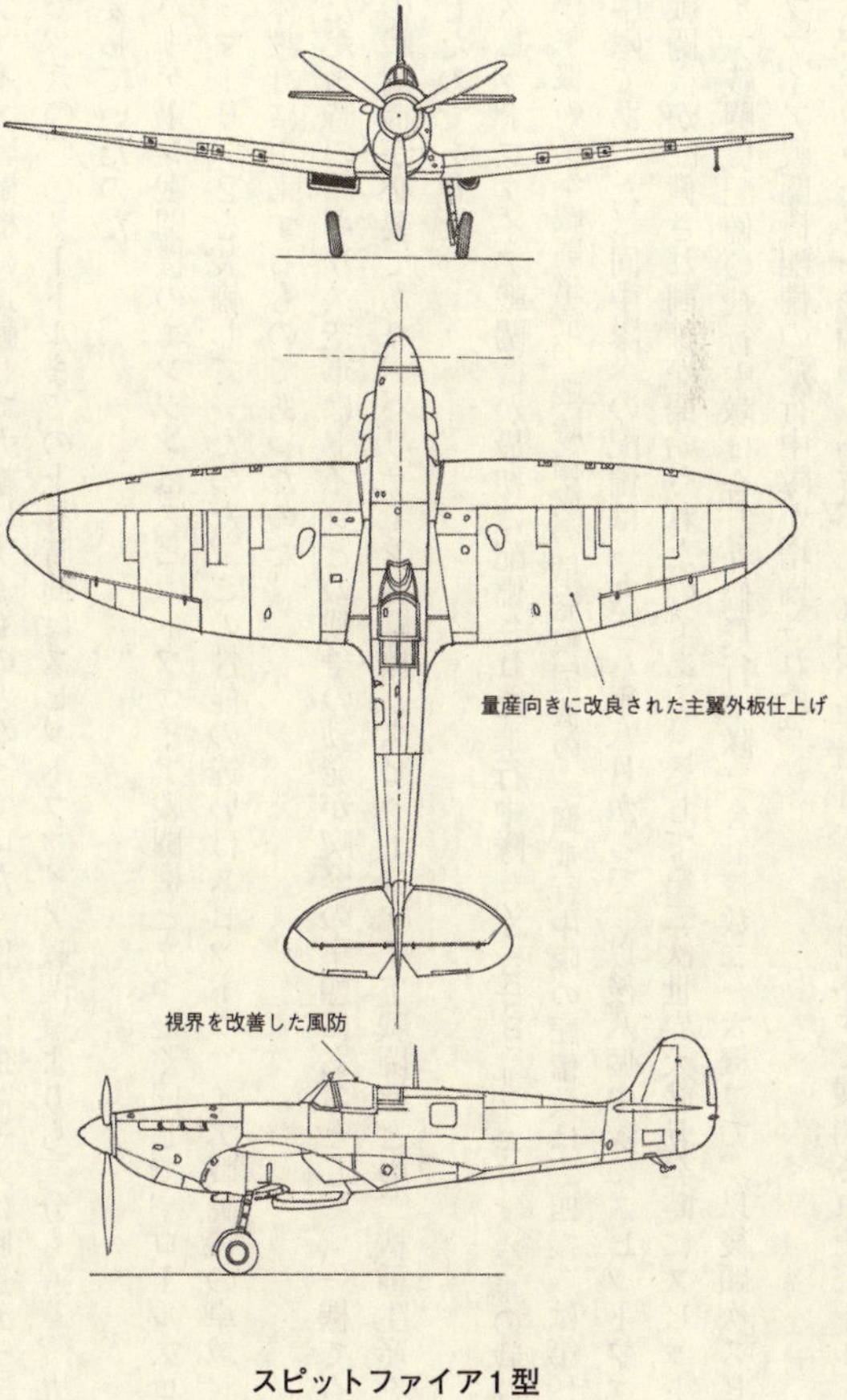

スピットファイア1型

トファイア戦闘機より六ヵ月早い一九三七年九月に完成している。しかしその性能はスピットファイア戦闘機に比較して大幅に劣るものとなっていた。例えば最高速力は時速五一二キロで、六〇〇〇メートルまでの上昇時間はスピットファイア戦闘機よりも二分も遅く、九分を要していたのだ。

ハリケーン戦闘機のエンジンはスピットファイア戦闘機とまったく同じで、ロールスロイス・マーリン2を装備していたのだ。この性能の違いはスピットファイア戦闘機の卓越した機体設計に由来するものであったのだ。

ただ当時のイギリス空軍はドイツとの戦争の勃発が喫緊の事態にあるとして、一機でも多くの戦闘機が必要であり、ハリケーン戦闘機とスピットファイア戦闘機との二機種生産を決行したのであった。

スピットファイア戦闘機が最初に配備された飛行中隊（Squadron ＝イギリス空軍の戦闘機や爆撃機の基本戦闘単位。戦時編成の単発戦闘機の一個飛行中隊の配備数は二四機）は第19飛行中隊であった。同中隊への配備は一九三八年八月からで、以後八個中隊にスピットファイア戦闘機が配備され訓練が開始されたのである。そして第二次世界大戦勃発時にスピットファイア戦闘機配備の飛行中隊は合計九個飛行中隊（合計機数二一六機）で、以後順次スピットファイア戦闘機配備の飛行中隊が増備された。

スピットファイア戦闘機1型は、一九四〇年七月から十月末まで展開されたバトル・オブ・ブリテン（大英帝国の戦い＝この戦いの期間については諸説あるが、最も激しい空中戦が展開されたこの期間が、一般的には「大英帝国の戦い」とされている）の、まさに立役者として奮戦を続けたのである。

ドイツは一九四〇年四月からオランダ、ベルギー、フランスに対し大規模な機甲師団と空軍戦力を投入し一大電撃作戦を展開した。そしてオランダとベルギー軍を瞬く間に蹂躙し、五月にはフランスになだれ込み、イギリスとフランス連合の地上軍と空軍もドーバー海峡まで追い込み、続いてイギリス本土進攻を展開する状況にあった。

この段階でドイツはイギリス本土進攻の前段作戦として、イギリス本土に対する一大航空攻撃を行ない、イギリス空軍力を壊滅し容易にイギリス侵攻を展開する計画をたてたのである。そしてドイツ空軍は大規模な爆撃機と戦闘機集団をドーバー海峡とイギリス海峡の対岸のフランスの地に展開し、五月下旬からイギリス本土に対する航空攻撃を展開したのであった。そしてドイツ航空軍の戦力充足に基づいて八月に入ると、イギリス本土の工業地帯や都市、また各地に点在する航空基地に対する連日にわたる一大航空攻撃を実施したのであった。

ドイツ空軍の爆撃機による航空攻撃は、航続距離の関係から主にイギリス中部から南部にわたり展開されたが、ドイツ戦闘機の航続距離は短く爆撃機の援護はイギリス本島の南部、とくにロンドンを含めその南部方面への爆撃機援護に終始したのであった。このドイツ空軍の航空攻撃に対し、イギリス空軍はロンドンを中心とするイギリス南部に二〇ヵ所以上の戦闘機基地を構築し、各基地に一個から数個の戦闘機中隊を集中的に配置し戦いに臨んだのである。

この戦いが開始された時点でのイギリス側の戦闘機戦力は、ホーカー・ハリケーン戦闘機五二七機、スピットファイア戦闘機三二一機（合計八四八機）であった。

このときイギリス空軍はドイツ戦闘機との空戦性能の劣るハリケーン戦闘機は主に爆撃機の迎撃に運用し、ドイツ戦闘機と同格の空戦性能を持つスピットファイア戦闘機はドイツ戦闘機の迎撃に向けたのである。

イギリス戦闘機の猛烈な迎撃戦にドイツ爆撃機と戦闘機の消耗は続き、ドイツ空軍は以後のイギリス航空攻撃は戦力消耗を続けるだけで続行困難と判断し、一九四〇年十一月末にドイツ空軍の組織的なイギリス本土攻撃は終息したのであった。

この戦いのドイツ空軍の損害は戦闘機八七三機、爆撃機一〇一四機に達し、イギリス空軍の戦闘機の損害は一〇二三機とされている。

戦闘機に関してはイギリス側が多くの損害を出しているが、空中戦の空域はつねにイギリス本土上空であり、損害を受けたり撃墜された機体の搭乗員はおよそ七割が生還し、新たに補給された戦闘機を操縦して再び空戦に加わることができたのである。しかしドイツ側は撃墜されればパラシュート降下してもそこは敵地であり、捕虜となるばかりで戦闘機搭乗員の消耗は補充を上回り、戦闘機戦力の絶対的な不足を招くことになったのである。事実この戦

メッサーシュミットMe109E

いでエースとなった多くのイギリス空軍パイロットの中には、被撃墜回数四～五回という猛者が大勢いるのである。バトル・オブ・ブリテンを勝利に導いた戦闘機こそスピットファイア戦闘機であり、ハリケーン戦闘機であったのである。

この勝利に対し時のイギリス首相のチャーチルは、彼ら戦闘機パイロットに対し国会の場で次の賛辞の言葉を送っているのだ。

「Never in the field of conflicts was so much owed by so few」(「過去のいかなる戦闘の場においても、かくも多くの人々がかくも少数の人たちの恩恵を受けたことはない」)

(注) この賛辞の言葉は、和訳が難解なチャーチル首相の演説の中でもとくに難解な文章として有名で、余談ながら過去に国立大学の入学試験の問題に本文が出されたことがあった。

バトル・オブ・ブリテンはスピットファイア戦闘機（1型）の存在があったからこそ勝利に導いた、と言っても過言ではなさそうである。

スピットファイア2型（Ｍｋ2）および3型（Ｍｋ3）

バトル・オブ・ブリテンはスピットファイア戦闘機1型が登場しなければ語れない航空戦であった。1型があってこそ勝利が存在したといっても過言ではないほどである。当時のイギリス人は設計者のミッチェルに感謝すべきである。

この戦いの最中、スピットファイア戦闘機に不足していたものが明確になった。武装が弱体だったことである。すでに全金属製の航空機が台頭している時代に、貫通力の弱い小口径の七・七ミリ機関銃で勝敗を決することは困難になっていたのである。

そこでこの反省から1型の武装強化が叫ばれ、その手段として最終生産の1型の武装を二〇ミリ機関砲二門と七・七ミリ機関銃四梃に置き換えた機体を送り出すことになったのである（この武装強化型スピットファイア戦闘機1型はバトル・オブ・ブリテンには間に合っていない）。しかし、その結果、攻撃力は格段に増したが、二〇ミリ機関砲の搭載により機体重量が増加し、速力の多少の低下や上昇力の低下を招くことになったのであった。皮肉なことにバトル・オブ・ブリテンの教訓から、戦闘機の上昇力のさらなるアップと速力の増加が求められていたのである。

この要求に対し、すでに1型の機体に出力をアップしたエンジンの搭載が計画されていた。

出力が一一七五馬力に強化されたロールスロイス・マーリン12エンジンが搭載されたのであった。この機体がスピットファイア2型である。

2型はエンジン出力が強化されただけに最高時速や上昇力のアップにつながった。また二〇ミリ機関砲の威力は申し分なかった。2型の増加試作機は少数機であるがバトル・オブ・ブリテンにも投入された。

2型の基本要目は次のとおりである。

全幅	一一・二三メートル
全長	九・一二メートル
自重	二三八四キロ
エンジン	ロールスロイス・マーリン12型（液冷V一二気筒）
最大出力	一一七五馬力
最高時速	五九五キロ
実用上昇限度	九九九七メートル
航続距離	六三五キロ
武装	二〇ミリ機関砲二門、七・七ミリ機関銃四梃

エンジンの出力強化は如実にその成果を発揮し、2型の上昇率は1型の毎分六六九メートルに対し、七九三メートルと大幅に向上した。また最高時速も増速され時速五九五キロを記録した。2型は一九四二年年七月まで量産され合計九二〇機が生産された。

イギリス空軍はバトル・オブ・ブリテン終了後の一九四一年中頃より、スピットファイア戦闘機によるフランス上空への制空・侵攻作戦を展開した。この戦闘には二つの種類があり、一つは二または四機編隊でフランス上空に侵入し、迎撃してくる少数編隊の敵戦闘機と空戦を行なうものである。この作戦をイギリス空軍は「Rhubarb（薬味）」と称し、ゲリラ戦法として多用している。またドイツ戦闘機との空戦を目的として、一二機あるいは二四機編隊の戦闘機でフランス上空に侵入する戦法も実施した。これは戦闘機による掃討作戦といえるもので、イギリス空軍はこの作戦を「Sweep（掃討・殴り込み）」と称し多用している。これら戦闘機によるフランス上空への侵攻を展開したが、その主力はスピットファイア2型であった。

2型が出現する頃から用兵側では、スピットファイア戦闘機のさらなる性能アップを要求する声が強まった。

この要求に対し主任設計者のスミスは、1型の機体に新たに出力アップ型エンジンとして開発された、ロールスロイス・マーリン20エンジン（最大出力一二四〇馬力）を装備したスピットファイア3型の開発を始めた。

2型a、3型

この機体はバトル・オブ・ブリテンの実戦経験から脆弱気味であった主脚の脚柱の強化を行ない、低空での速力増加対策として翼端を切り詰めた主翼を装備することになった。試験飛行の結果、本機の最高速力は高度六四〇〇メートルで時速六四八キロを発揮し、高度四六〇〇メートルまでの上昇時間は四分三〇秒を記録するという、1型や2型と比較し大幅な性能向上を示したのであった。

イギリス空軍はこの結果に対し、直ちに3型の一〇〇〇機量産をスーパーマリン社に命じたのであった。しかしこのとき事

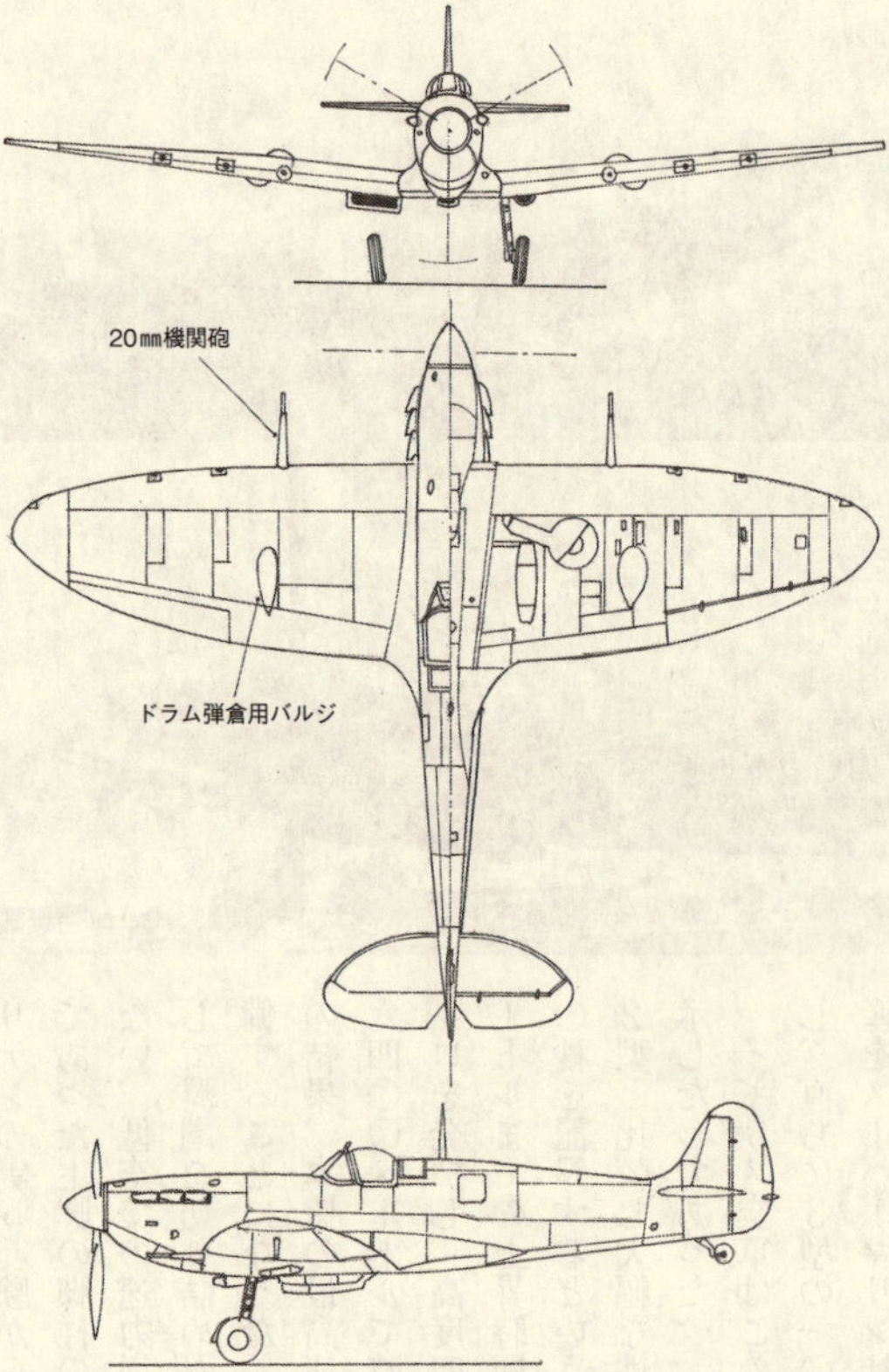

スピットファイア2型

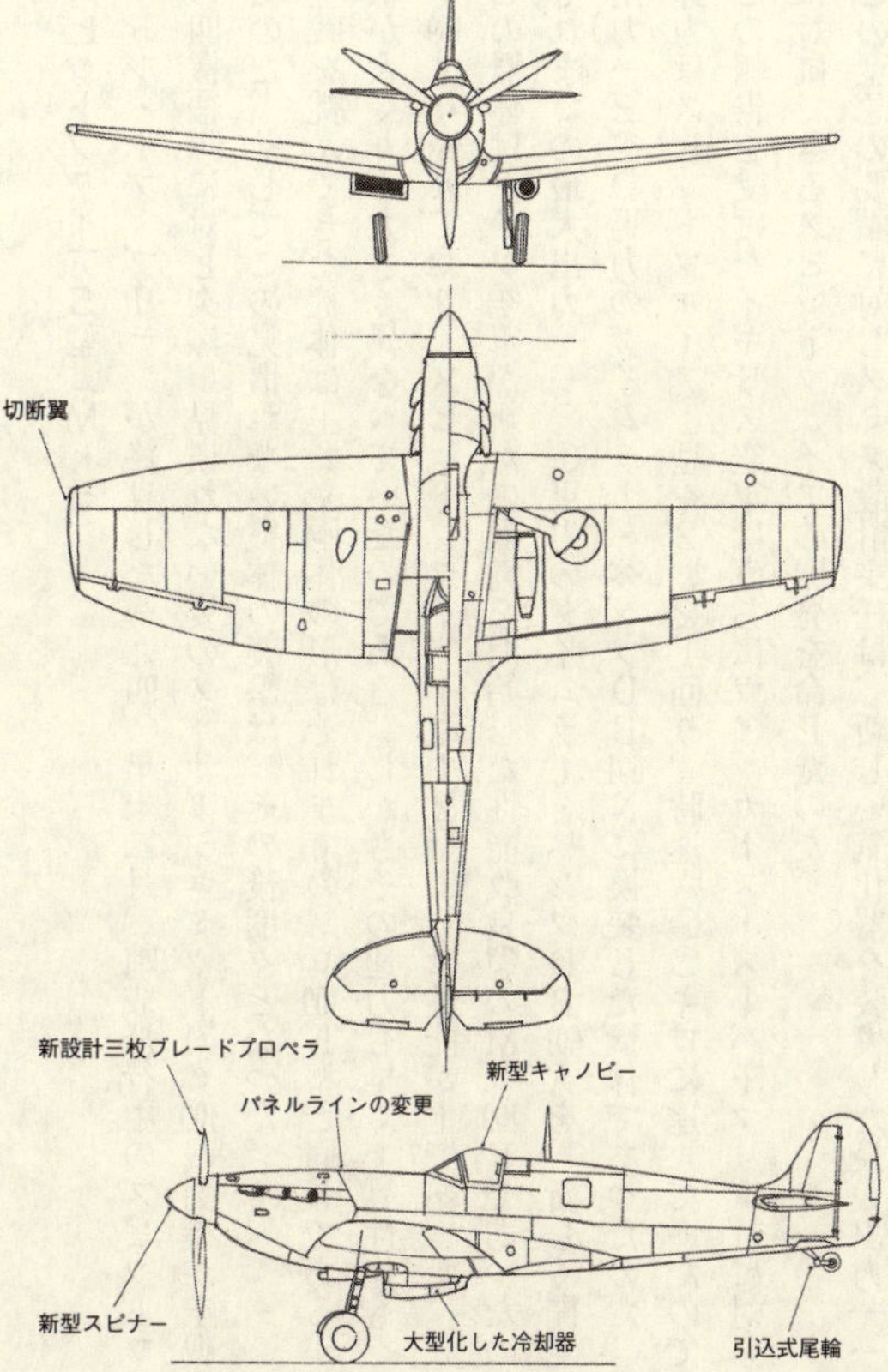
切断翼
新設計三枚ブレードプロペラ
新型キャノピー
パネルラインの変更
新型スピナー
大型化した冷却器
引込式尾輪

スピットファイア3型

態が急変する出来事が起きたのである。

スピットファイア5型(Mk5)

バトル・オブ・ブリテンが終息した一九四〇年十二月、哨戒飛行中のスピットファイア1型の四機編隊に対し突然、見慣れない姿のメッサーシュミットMe109戦闘機が空戦を挑んできたのだ。そしてこの見慣れない機体の襲撃は、その後度々となった。

空戦を挑んできた機体は主翼や胴体の形はそれまでのMe109E型と同じであるが、機首の形状が太く丸く大きく異なっていたのである。しかもその速力も早く上昇性能もそれまでのMe109より優れており、スピットファイア1型や2型よりは性能が上であった。

この機体はドイツ空軍が新たに配備を開始した性能改良型のMe109Fであったのだ。本機はそれまでの最大出力一一〇〇馬力のダイムラー・ベンツDB601Aを、新しく開発された最大出力一三〇〇馬力のダイムラー・ベンツDB601Nに換装した機体であったのだ。本機の最高速力はスピットファイア1型や2型を上回り、時速六〇〇キロに達していたのであった。

この報告を受けたイギリス空軍は直ちにヴィッカース・スーパーマリン社に対し、この機体に対抗できるスピットファイアの開発を命じたのだ。

この至急の要請に対しスミス設計主任は、新しい気化器を装備した最大出力一一八五馬力のマーリン45エンジンを1型の機体に搭載しテストを行なった。その結果、この機体の最高速力は時速五九八キロを記録し、上昇時間も六一〇〇メートルまでの所要時間が六分一二秒と、1型や2型に比較し確実な性能アップを示し、新しいMe109に対し十分に対抗できる機体の開発に成功したのであった。

イギリス空軍はこの結果を確認すると、本機体を5型として直ちに大量生産することを命じ、新たに性能向上型として開発中であった3型の生産をキャンセルしたのだ。結果的に5型の生産は一九四三年九月まで続き、その生産量は合計六五九五機にたっし、スピットファイア戦闘機中最大の生産数の機体となった。

5型は当時のイギリス戦闘機の中ではもっとも高性能で使い勝手が良い機体として、各戦線から供給の要望が続くことになった。そして5型によるイギリス南東部基地からフランス上空に対する「薬味作戦」や「殴り込み作戦」が連続的に決行された。それと同時に一九四一年中頃からは爆弾を搭載したウエストランド・ホワールウインド双発戦闘機による、フランスに点在するドイツ軍施設や軍用列車などに対する低空奇襲攻撃の上空援護も展開するようになったのである。

これらの作戦は最大でもフランス沿岸から東に一〇〇キロの範囲内で、スピットファイア戦闘機の航続距離の短さを痛感させるものとなったのであった。しかし5型が登場した頃からマルタ島攻防戦や北アフリカ戦線、さらにオーストラリア北部のポートダーウィン方面での日本機との攻防戦に、本機を求める声が続出し始め、5型の大量生産となったのである。

5型b、熱帯フィルター付き5型、メッサーシュミットMe109F

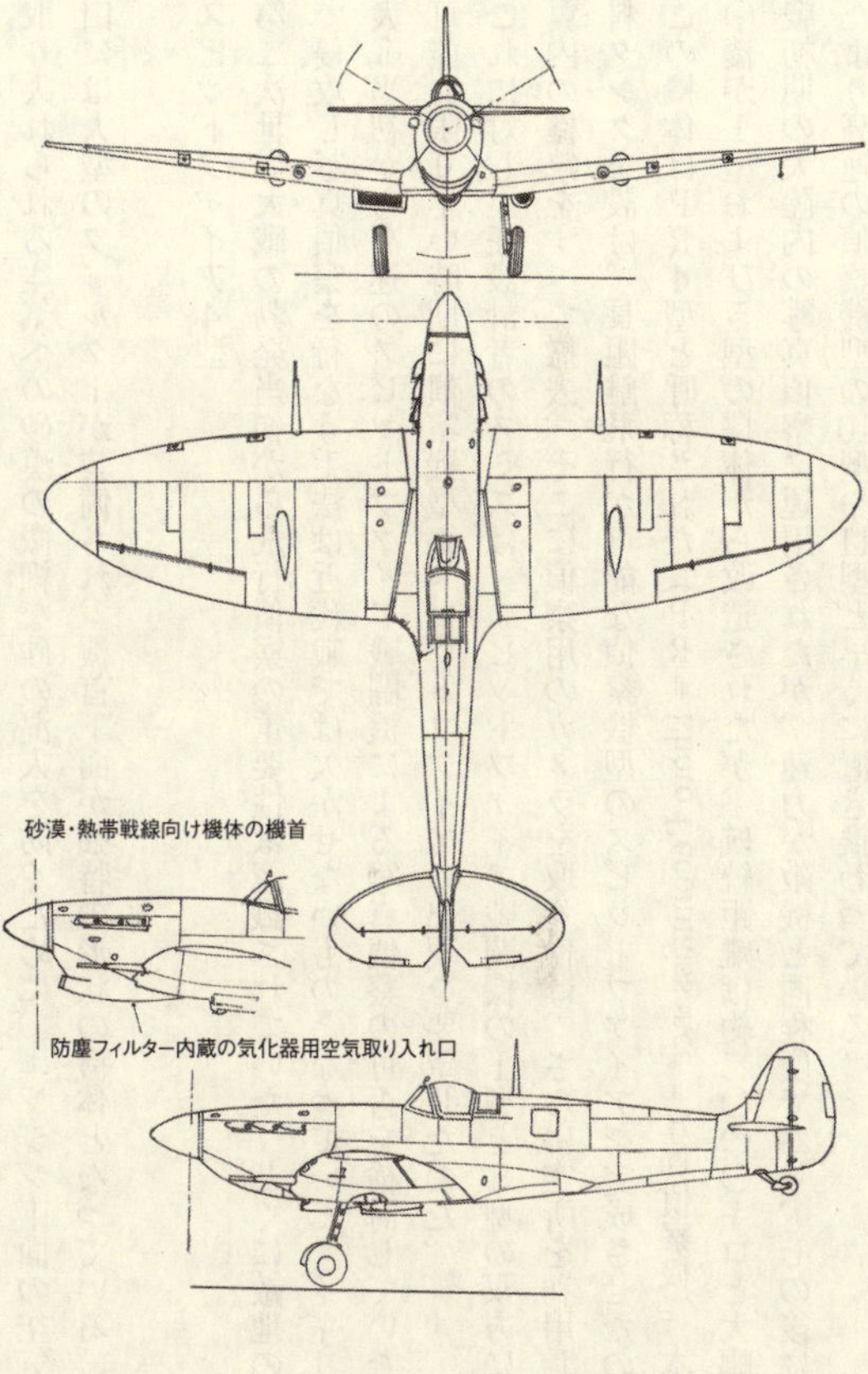
砂漠・熱帯戦線向け機体の機首
防塵フィルター内蔵の気化器用空気取り入れ口

スピットファイア5型

北アフリカ戦線向けの5型（一部ポートダーウィン派遣の5型も）では、エンジン気化器へ取り入れられる空気への砂漠の微細な砂の混入を防ぐために、エンジン下面の空気取り入れ口には大型のフィルターが装備され、機首下面が独特の形状の機体となっている。

スピットファイア4型

第二次世界大戦の勃発当初から飛行偵察の重要性は認識されていた。とくに敵地の奥深くまで侵攻し写真偵察を行なう手法は近代戦では欠かせないものとなっていた。イギリス空軍は大戦当初から高速のスピットファイア戦闘機による写真偵察の可否を検討していた。そして可能な限り早い時期に偵察機型のスピットファイアの出現を要望したのだ。

これに対し主任設計者のスミスは、スピットファイア戦闘機の1型と5型の双方について、主翼内の機銃をすべて撤去、そこに偵察用のカメラを取り付け、さらに空所を利用し新たに燃料タンクを設け、長距離飛行が可能な偵察機型のスピットファイアを完成させたのである。

この機体はPR4型と呼称された（PR＝Photo Reconnaissance＝写真偵察機）。本機は二〇〇機が1型および5型の機体から改造されたが、航続距離は約二〇〇〇キロと大幅に伸び、大戦初期の大陸内の写真偵察に運用されたが、速力が敵機と同程度であり、その後に開発されたより高速の偵察機型の10型や11型と早くに置き換わっている。

なお4型の呼称は、この写真偵察機型以外に機体性能向上のためにグリフォンエンジンを搭載した機体にも付けられた。このグリフォンエンジン(グリフォン2b、最大出力一四三〇馬力)を初めて搭載した4型は、最高時速六二四キロを出したが、多分に試験的要素が強い機体で、すでに写真偵察機型のPR4型が出現していたために、後に20型と呼称が変更されている。

5型の基本要目は次のとおりである。

全幅　一一・二三メートル(標準翼)
全長　九・一二メートル
自重　二二九九キロ
エンジン　ロールスロイス・マーリン45(液冷一二気筒)
最大出力　一一八五馬力
最高時速　五九八キロ
実用上昇限度　一万一一三二メートル
航続距離　六三六キロ(増槽なし)、一〇二一キロ(増槽付き)
武装　二〇ミリ機関砲二門、七・七ミリ機関銃四梃、五〇〇ポンド〈二二七キロ〉爆弾一発

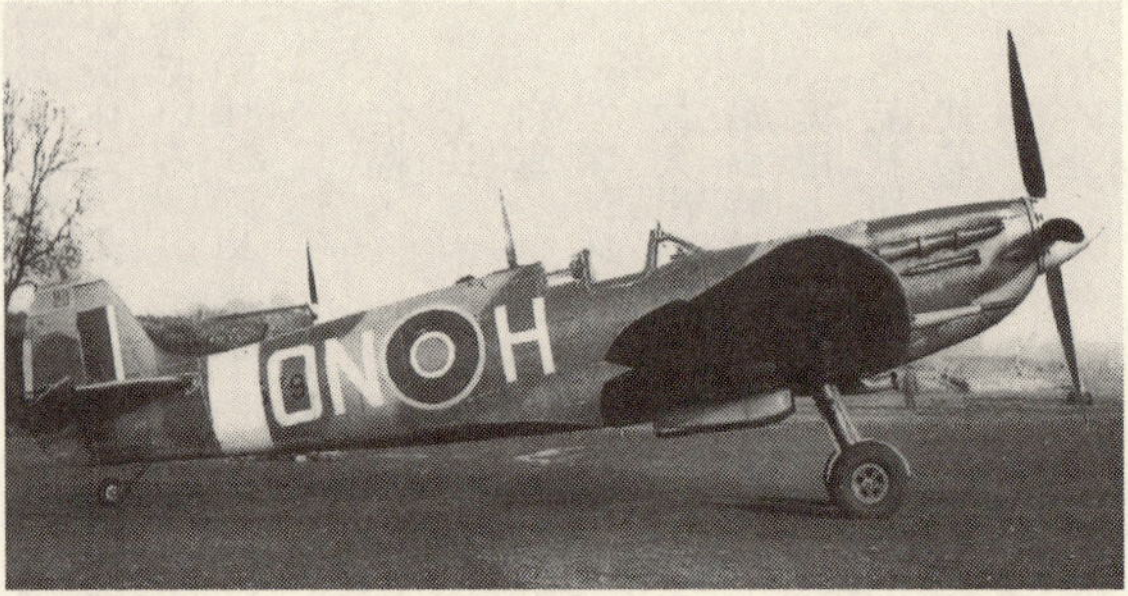

6型

スピットファイア6型（Mk6）

ドイツ空軍は一九四〇年後半頃から旧式化したユンカースJu86双発爆撃機を改造した高々度偵察機を飛ばし、イギリス本土各地の高々度写真偵察を開始した。この機体は本来は輸送機として開発された機体であるが、ドイツ空軍は一九三九年に本機に排気タービン過給器付きのユンカース・ユモ207Aエンジン（最大出力八〇〇馬力）を搭載し、高度一万二〇〇〇メートルで時速三六〇キロを発揮する偵察機としたのである。その後本機のエンジン出力は一〇〇〇馬力に強化され、最高速力も高度一万二〇〇〇メートルで時速四一六キロを発揮させたのであった。そしてこの機体を使いイギリス本土各地の高々度偵察を開始したのだ。

しかし当時のイギリスにはこの高度で十分な戦闘が展開できる戦闘機は一機も存在せず、高々度迎撃戦闘機の必要性に迫られていたのであった。

Ju86偵察機は与圧キャビンを装備しており、常用飛行高度一万一〇〇〇メートルから一万三〇〇〇メートルの飛行が

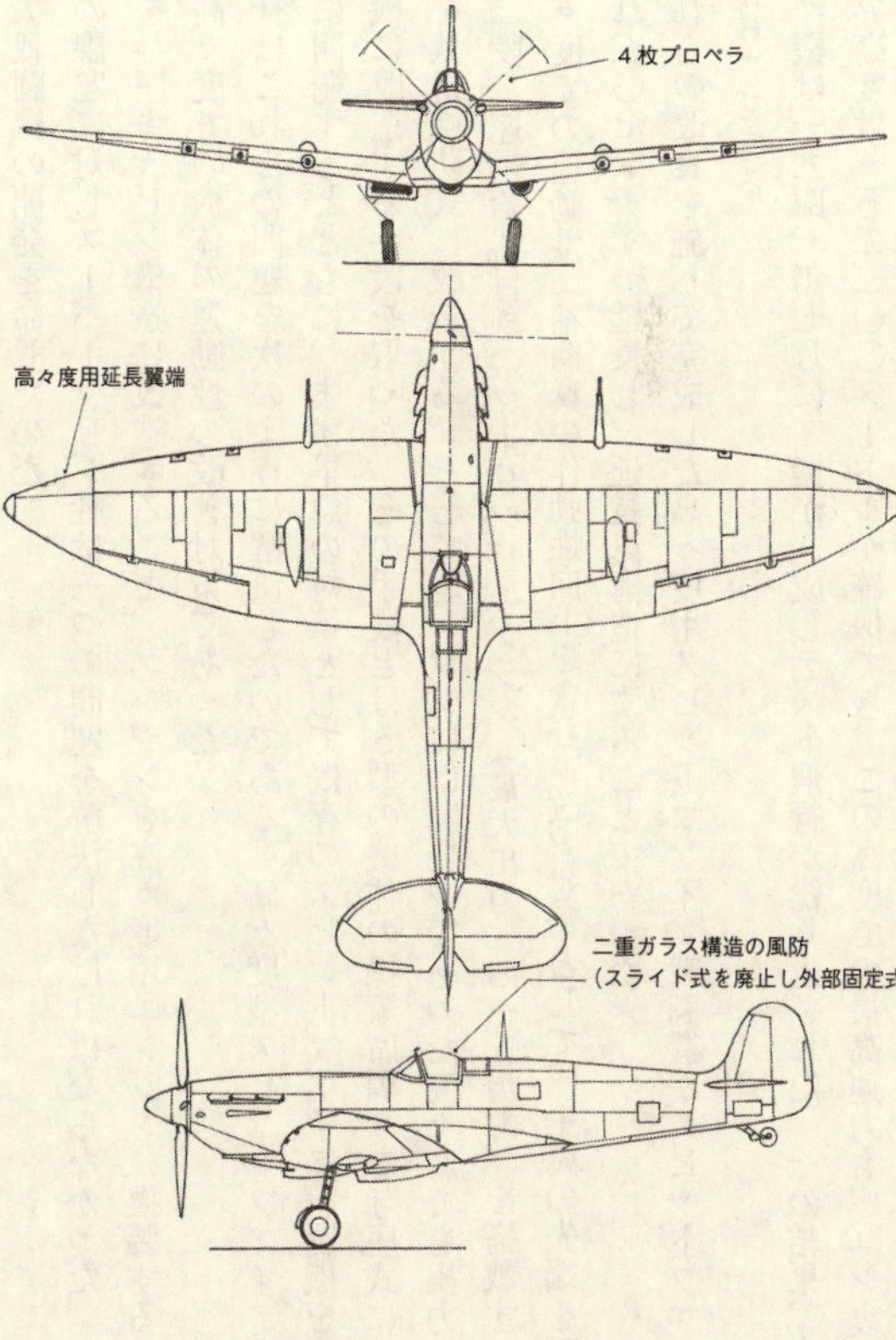

スピットファイア6型

可能であった。このためにイギリス空軍はスーパーマリン社に対し高々度迎撃用スピットファイア戦闘機の開発を命じたのだ。

この課題に対しスーパーマリン社は三つの問題を解決しなければならなかった。一つは操縦室を与圧キャビン構造に改造すること、エンジンを高々度用エンジンに換装すること、そして高々度での機体の運動性の改善対策であった。

同社はこれらの問題を次のように解決したのである。高々度型スピットファイア戦闘機を新たに開発するとともに、まず早急の対策として既存のスピットファイア戦闘機を高々度用戦闘機に改造する手段を取った。その手段とは5型の機体の操縦席周りを与圧式に改造し、風防を気密風防式に改造する。そしてエンジンには開発中であった高々度でも出力が確保できる二段二速過給器付きのマーリン47エンジン（最大出力一四一五馬力）を搭載する。さらに高々度での運動性（補助翼の作動性向上を含む）改善対策として、主翼の先端を両側にそれぞれ五〇センチずつ延長し、延長翼構造にすることであった。

これらの改良を施して完成した高々度用スピットファイア戦闘機がスピットファイア6型（Mk6）である。

試作機は一九四一年七月に二機が完成しテスト飛行が繰り返された。その結果、本機の実用限界高度は一万二二〇〇メートルが確保でき、この高度での最高速力も、ユンカースJu86よりも速い時速四二八キロを発揮することが可能と判定されたのである。

本機は直ちに5型の機体の改造で一〇〇機が生産されることになった。そして本機の量産型は直ちに実戦部隊三個飛行中隊に配備されたが、危惧されたユンカースＪｕ86偵察機の偵察飛行はその後はほとんど行なわれず、杞憂に終わることになった。

スピットファイア7型（Ｍｋ７）

イギリス空軍は応急対策としての高々度迎撃戦闘機6型を造ったが、本格的な高々度型スピットファイア戦闘機を開発すべく、6型の改造と同時に新たな高々度戦闘機7型の試作に入った。

本機は高々度でのエンジン出力を6型に装備したマーリン47エンジンよりもアップした、新型のエンジンを搭載することで開発がスタートしたのである。このエンジンは最大出力一五六五馬力のマーリン61エンジンに二段二速過給器を装備したもので、6型に搭載されたエンジンよりも一五〇馬力の出力強化となっていた。

本エンジンは二段二速加給器を装備したために、マーリン47エンジンよりも全長が三六センチ長くなっていた。7型は最初の高々度戦闘機として量産された6型の機体をさらに改造して作られた。

その結果7型の機体の外観は6型とはかなり違ったものとなっていた。まず胴体の全長がエンジンの長さの延長分長くなり、エンジンの排気管も5型や6型の集合排気式の左右各三

7型

スピットファイア戦闘機の主翼端の形状

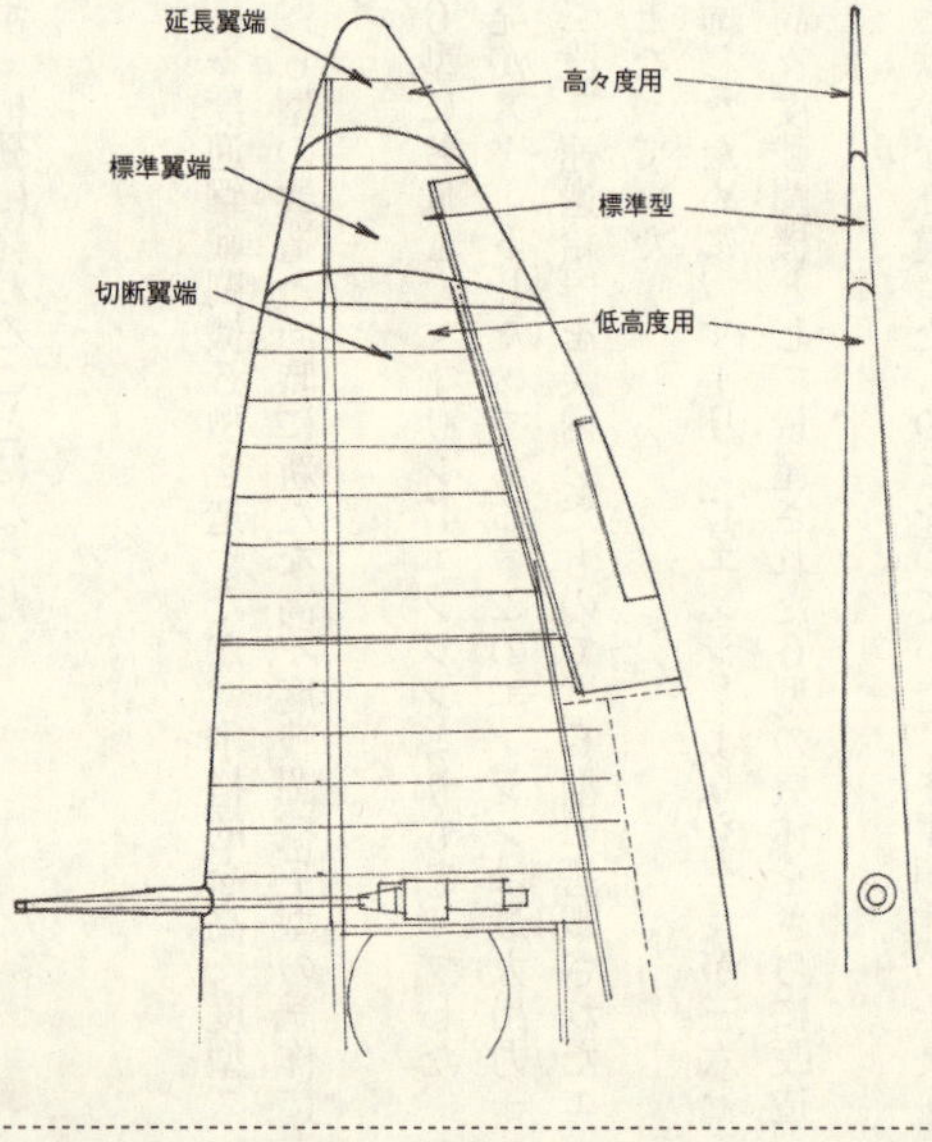

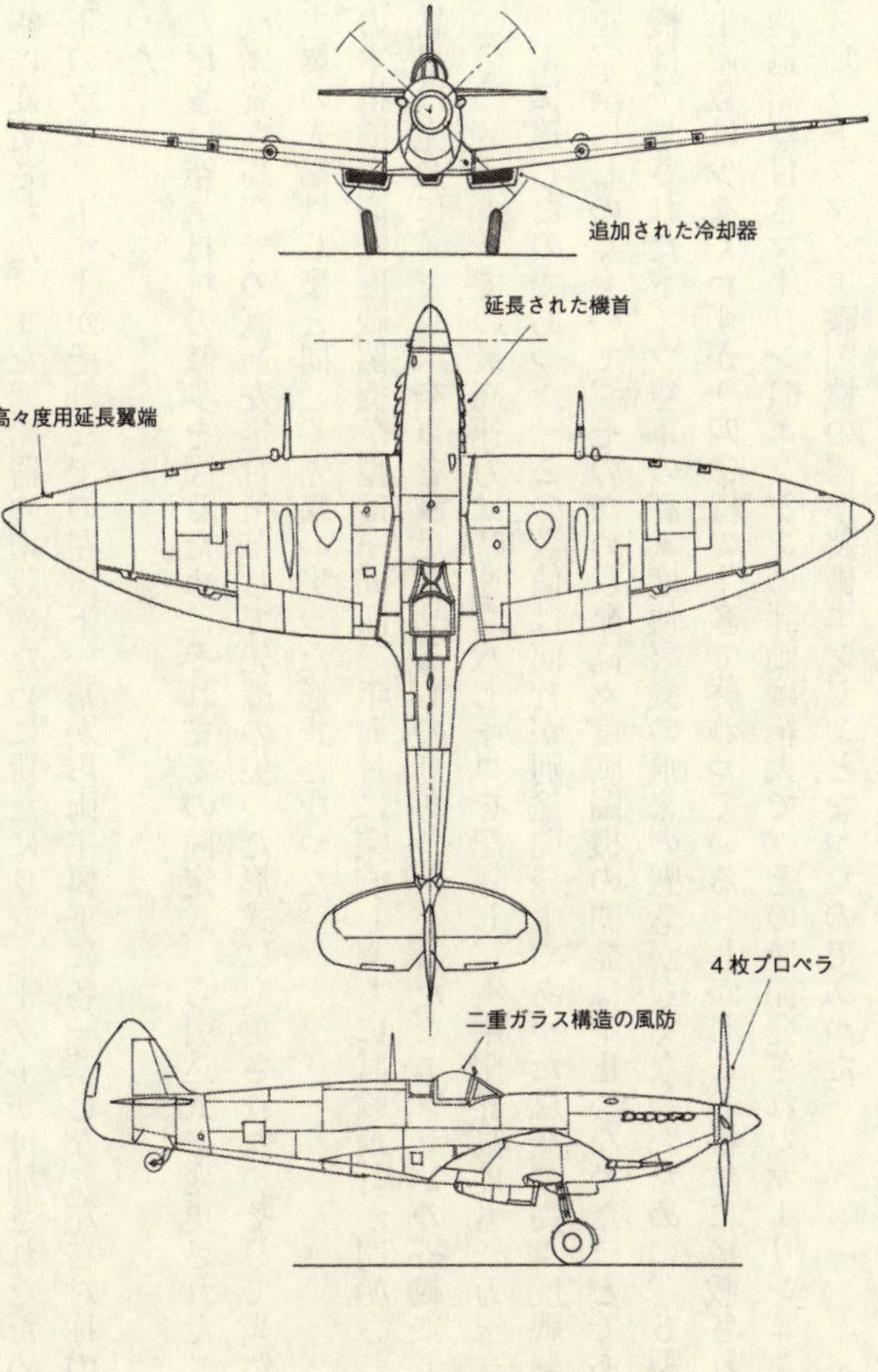

スピットファイア7型

本の排気管式から単排気管式に変更され、左右それぞれ六本の排気管式となり機首周りの姿が大幅に変更された。また過給器の増設のために新たにラジエーターが付加されたために、主翼下のラジエーターがそれまでの左翼下一基から両主翼下に各一基となり左右対称の配置となった。

また尾輪は空気抵抗の減少を図るためにそれまでの固定式から引込式に変更された。さらに垂直尾翼も高空での直進安定対策として先端の尖った形式に変更された。そして当然ながら両主翼の先端は6型と同じく先端の尖った形式となった。

この本格的な高々度戦闘機7型は一九四二年七月に完成し直ちに試験飛行が開始されたが、その結果は完全にイギリス空軍を満足させるものであった。新たなエンジンの搭載により高度九〇〇〇メートルでの最高速力は時速六八七キロを記録し、実用限界高度も一万三一一五メートルに達したのであった。この数値は同社が別途開発中であった双発の高々度戦闘機の性能を完全にしのぐもので、そのため双発高々度戦闘機の開発は中止となったほどであった。

本機は予想されたドイツ空軍の高々度偵察機の飛来の懸念がなくなったために、6型と同じく生産数は少なくわずか一四〇機の生産で終わっている。しかしこの機体に搭載された二段二速過給器付きマーリン61エンジンの評価は絶大で、その後開発されたマーリンエンジン付きスピットファイア戦闘機の標準装備エンジンとなったのであった。

7型の基本要目は次のとおりである。

全幅　一一・二四メートル
全長　九・五六メートル
自重　二六九九キロ
エンジン　ロールスロイス・マーリン61（液冷V一二気筒・二段二速過給器付き）
最大出力　一五八〇馬力
最高時速　六六九・七キロ
実用上昇限度　一万三一一五メートル
航続距離　一〇六二キロ
武装　二〇ミリ機関砲二門、七・七ミリ機関銃四梃

スピットファイア8型（Mk8）

マーリン61エンジン付きの7型の性能評価は絶大であった。イギリス空軍は今後量産するスピットファイア戦闘機はすべてマーリン61エンジン付き戦闘機とすべく、高性能エンジンにふさわしい機体の設計をビッカース・スーパーマリン社に命じたのだ。但し空軍は一つの条件を付けた。つまりまったく新しい戦闘機の開発を行なう時間的余裕はないために、当面

8型

の対策としてスピットファイア5型戦闘機を母体にした新しいスピットファイア戦闘機の開発を指示したのである。
スーパーマリン社はスミス主任技師の下でスピットファイア5型の機体を基本ベースとし、部分的な改良を施し新たなスピットファイア戦闘機8型の設計をスタートさせたのである。
改良設計には多くの時間は要しなかった。新しいスピットファイア戦闘機8型の量産一号機が完成したのは一九四二年十一月で、実戦部隊への配備は一九四三年三月以降となったが、8型の配備先は地中海戦域やビルマ方面に展開する飛行中隊に限られたのである。この事態には背景があった。じつは8型の開発が進められている段階で、再びフランス上空やドーバー海峡上空で、スピットファイア5型戦闘機を凌駕するドイツ空軍の新型戦闘機（フォッケウルフFw190戦闘機）の出現があったからである。
イギリス空軍はこの新型戦闘機に対抗する戦闘機を至急開発する必要があった。そこで出された緊急対策案が新たな9

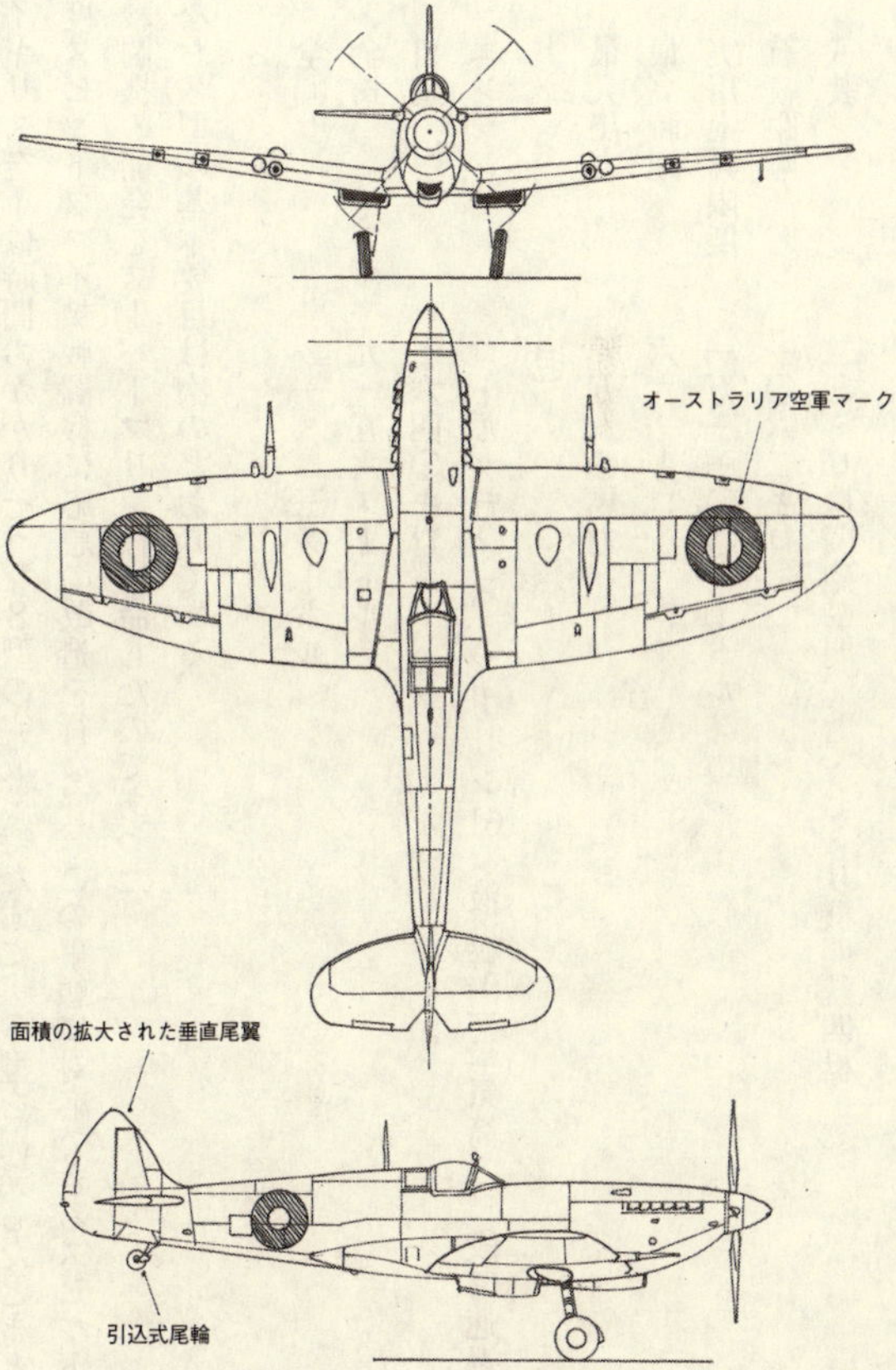

スピットファイア8型

型の大至急の開発であった。

イギリス空軍は時間のかかりそうな8型の完成を待たずに、5型を開発したときと同じく再度スピットファイア戦闘機に応急の改造を行ない、この事態に対応できるスピットファイア戦闘機の開発をスーパーマリン社に命じたのであった。

なお8型の基本要目は次のとおりである。

全幅　一一・二三メートル
全長　九・五六メートル
自重　二六四〇キロ
エンジン　ロールスロイス・マーリン61（液冷V一二気筒・二段二速過給器付き）
最大出力　一五八〇馬力
最高時速　六六一キロ
実用上昇限度　一万三一〇〇メートル
航続距離　一〇六二キロ
武装　二〇ミリ機関砲二門、七・七ミリ機関銃四梃

フォッケウルフＦｗ190Ａ３

スピットファイア９型（Ｍｋ９）および16型（Ｍｋ16）

一九四一年九月初め、ドーバー海峡上空で哨戒飛行中のスピットファイア５型の四機編隊が、突然現われたドイツ空軍の新型戦闘機の攻撃を受け、三機が撃墜されるという事件が起きた。かろうじて生還した一機のパイロットの証言によると、襲ってきた敵機は開発の情報が流れていた新型戦闘機フォッケウルフＦｗ190であると断定された。

この新型の敵機はスピットファイア５型より速力も上昇力も格段に優れており、５型では太刀打ちが困難であると、空軍上層部に報告されたのであった。

その後の新たな情報から、出現した敵機はフォッケウルフＦｗ190Ａ１またはＡ２であると推測された。この機体は空冷の最大出力一七〇〇馬力のＢＭＷ801Ｄエンジンを搭載し、最高時速六四〇キロを発揮する戦闘機で、スピットファイア５型を凌ぐ性能の機体であったのだ。

スーパーマリン社の主任設計技師のスミスは直ちに対抗策を打ち出し、実行に移すことにしたのであった。それは新た

9型

に開発されマーリン61エンジンを生産中の5型の機体に取り付け、新しい戦闘機として送り出すことであった。

この改良は困難ではなかった。エンジンの全長が若干（約四〇センチ）延長された分、機首を延長し、7型と同じくラジエーターを二基に増やし両主翼の下に配置するだけの改造であった。またエンジンが強化されたことにより、プロペラは四枚羽式に交換された。

本機の性能は期待どおり5型より大幅な向上が見られたのである

この改造は5型の生産ラインを大きく乱すものではなく、直ちに実行に移された。そして9型の量産第一号機は一九四二年六月に完成し、生産された機体はすぐに実戦部隊に配備されたのだ。9型の性能はフォッケウルフFw190と大きく変わるところはなく、イギリス側はときには有利に空戦を展開することができたのだ。

9型が配備され始めたころのスピットファイア戦闘機の行動範囲は、イギリス東南部に集中している戦闘機基地から、

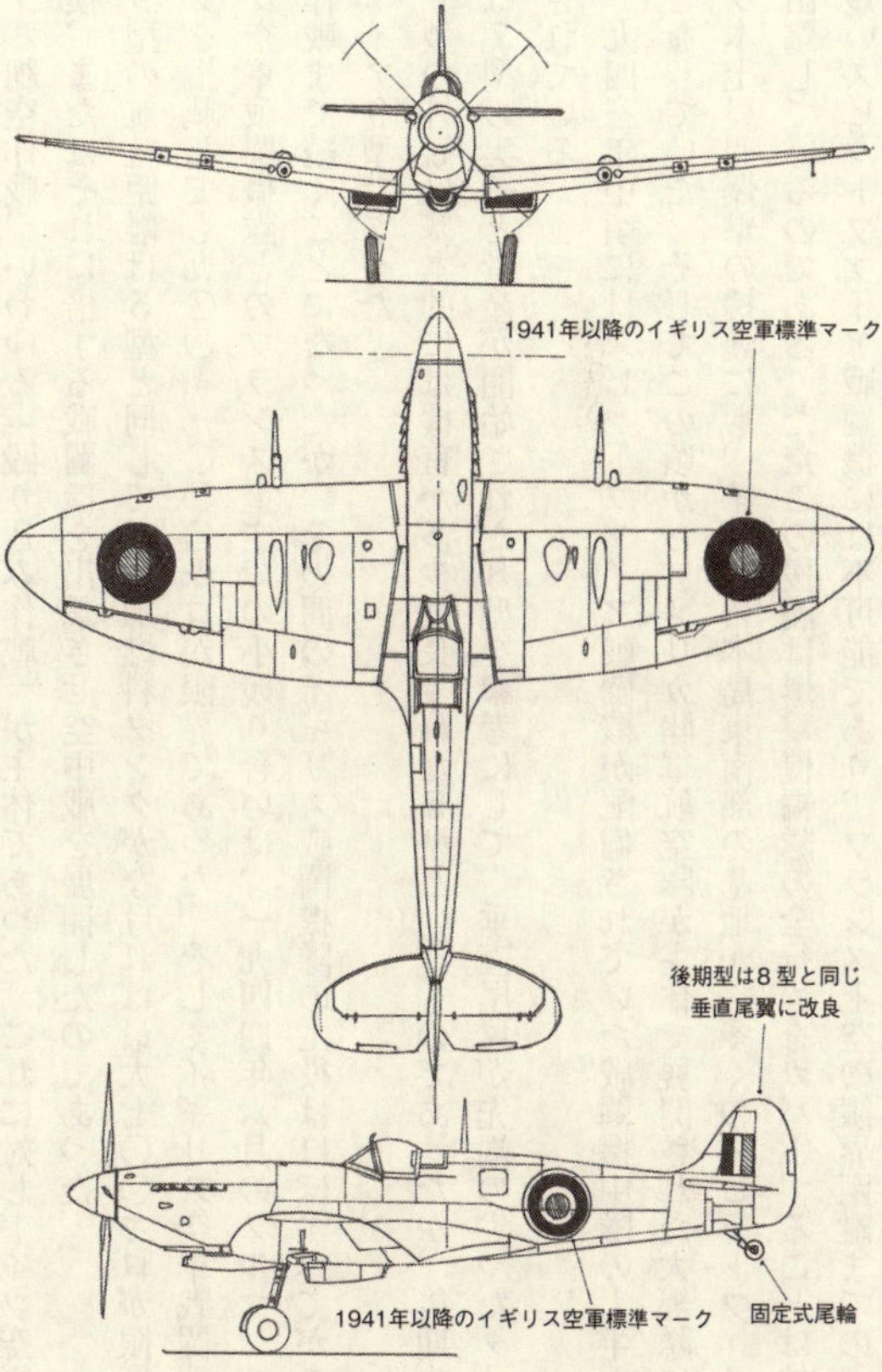
1941年以降のイギリス空軍標準マーク
後期型は8型と同じ
垂直尾翼に改良
1941年以降のイギリス空軍標準マーク
固定式尾輪

スピットファイア9型

フランス海岸を超えて一〇〇〜一五〇キロ大陸内部に進出するのが常で、一二機を行動単位とする制空作戦、いわゆる「殴り込み作戦」が主体であった。これに対しドイツ空軍側は同規模、またはそれに倍する戦闘機を出撃させ空中戦を展開したのであった。

9型の航続距離は5型と同じで、増加燃料タンクがなければ最大七〇〇キロが限度で、タンクを搭載しても九〇〇〜一〇〇〇キロが限界であった。そしてイギリス空軍戦闘機隊とドイツ空軍戦闘機隊とのフランス上空での小競り合いは、一九四四年六月のノルマンディー上陸作戦まで続くことになったが、その間のイギリス戦闘機隊の主役はほぼすべてがスピットファイア9型であった。

9型の外観は基本的には機首が多少延長された5型というものであったが、後期生産型からは7型の実績と量産が開始された8型を参考にして、垂直尾翼が先端の尖ったタイプに変更されている。

一九四三年中頃にはスピットファイア戦闘機が配備されていた戦闘機中隊の大半が9型装備となっていた。そしてこの頃からアメリカ陸軍航空隊が主体で展開された大編隊によるドイツ本土昼間爆撃の援護にも、イギリス本島東南部の基地から多くのスピットファイア9型が出撃しているのである。ただこの援護は爆撃機編隊の全行程をカバーすることは航続距離の短いスピットファイア戦闘機には不可能であり、フランス上空の限界距離までの「見送り援護」と爆撃終了後の「お迎え援護」に終始することになっていた。そして奥地までの援護はアメリカ陸軍航空隊の比較的航続距離の長いロッキードP38やリパブリックP47戦闘機にバトンタッチしたのである。

この「見送り援護」と「お迎え援護」の最中にも、スピットファイア戦闘機と迎撃してくるドイツ戦闘機の間では激しい空中戦が展開されていた。また損傷しながらもかろうじて帰還する爆撃機に対する援護は、スピットファイア9型戦闘機の重要な任務であった。

9型の基本要目は次のとおりである。

全幅　一一・二三メートル
全長　九・四七メートル
自重　二五四五キロ
エンジン　ロールスロイス・マーリン61（液冷V一二気筒・二段二速過給器付き）
最大出力　一五八〇馬力
最高時速　六六九キロ
実用上昇限度　一万三一〇六メートル
航続距離　六九八キロ
武装　二〇ミリ機関砲二門、七・七ミリ機関銃四梃

9型の生産はヨーロッパの戦闘が終結した一九四五年五月まで続き、その間に生産された総数は五六七四機に達した。しかしこの間にも実戦部隊からの9型に対する供給の要望は強く、スーパーマリン社は主力工場のキャッスル・ブロミッジ工場をフル稼働して生産を続けたが、肝心のロールスロイス社がマーリンエンジンの生産に追いつけなかったのである。マーリンエンジンはスピットファイア戦闘機ばかりでなく、当時イギリス空軍の主力軍用機になっていた四発のアヴロ・ランカスター重爆撃機や、優れた性能のデ・ハビランド・モスキート双発多用途機（夜間戦闘機、地上・艦艇攻撃機、高速軽爆撃機、偵察機など）のエンジンとしても使われており、量産体制は限界に達していたのであった。

これに対しアメリカの自動車メーカーであるパッカード社がこのエンジンのライセンス生産権を取得し、同じマーリンエンジンをパッカード社で量産することになったのである。このエンジンはパッカード・マーリンエンジンの呼称の下に、スピットファイア戦闘機用のエンジンとしてイギリスに逆輸入されることになったのである。性能はロールスロイス・マーリンエンジンとまったく同じであった。このエンジンはアメリカ陸軍のノースアメリカンP51戦闘機のエンジンとしても使用されたのだ。

スピットファイア9型戦闘機のさらなる増産分はこのエンジンを搭載することになったのだが、ここで問題が生じた。アメリカとイギリスとでは工業規格の違いから、エンジンを機

16型（後期型）

体に固定するボルト位置などに寸法の違いがあり、直ちに量産中のスピットファイア9型の機体にパッカード・マーリンエンジンを装備することができなかったのである。

この問題に対しスーパーマリン社は、量産中の9型のエンジン架台に小改造を加え、固定ボルト位置などを変えた胴体の生産に入ったのである。このためにパッカード・マーリンエンジンを搭載したスピットファイア戦闘機は9型の機体に小改造を施す必要があるために、違う型式として生産されることになったのである。このパッカード・マーリン製エンジンを搭載した機体が16型なのである。

9型と16型はまった同じ機種であり同じ性能であるが、わずかの改造が行なわれたために別の呼称の機体となったのだ。ただこの機会を利用し16型の機体にはより実用的な改造が加えられることになった。その主たるものが風防を全周式のドロップ式フードと、垂直尾翼の面積を多少増やした先端の尖った形への改良であった。

これらの小改造の遅延から16型の量産型の実戦部隊への配備

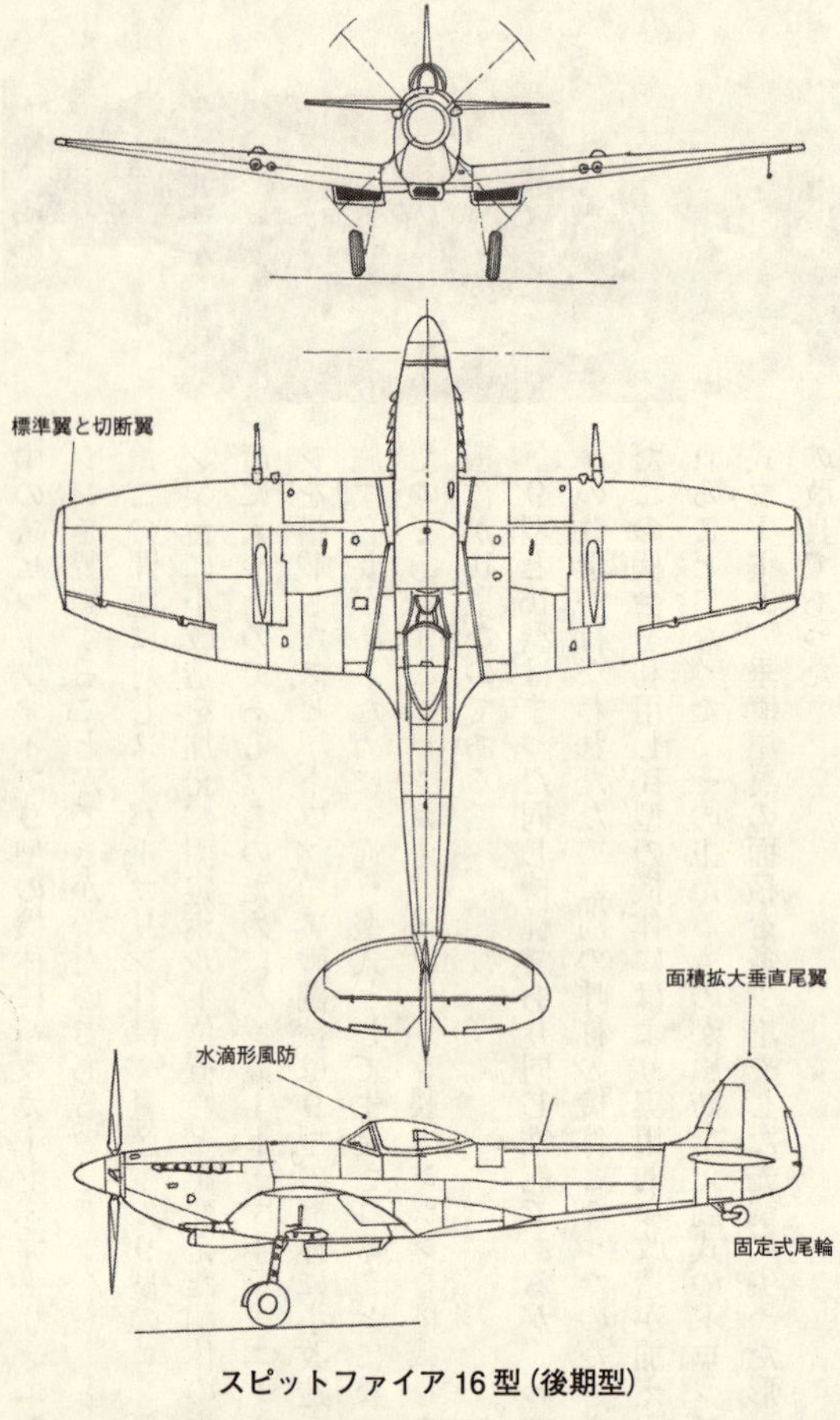

スピットファイア 16 型 (後期型)

は、一九四四年後半にずれ込むことになったのであった。しかしこの頃には制圧すべきドイツ戦闘機に対する空戦は、より性能の優れた新しく出現したスピットファイア14型やホーカー・テンペスト戦闘機に委ねられ、スピットファイア9型と16型は主に地上攻撃に専念することになったのである。このために後期生産型の16型の主翼は、低高度での運動性の向上のために主翼先端が短縮された切断翼が採用されている。

16型の総生産量は一〇五四機に過ぎなかったが、この数を加えると9型の総生産数は六七一九機に達し、5型を抜いてスピットファイア最大の生産量を記録することになるのである。16型は戦争後期の量産機となり、その生産量も大きかったために戦後も多くの機体が残存し、イギリスの多くの友好国に供与され、また売却されている。そのために現存するスピットファイア戦闘機としては、飛行可能な機体を含め16型が最も多数となっている。

スピットファイア10型（Mk10）、11型（Mk11）および13型（Mk13）

この三型式のスピットファイアはいずれも写真偵察機専用に開発された機体である。スピットファイア戦闘機の優れた性能が評価され、第二次大戦勃発後に1型の武装を撤去して主翼内にカメラを装備し、また武装撤去の空間を利用し燃料タンクを増設したスピットファイアを造りPR4型写真偵察機として高い評価を得ていた。しかしこの機体は基本が1型であり新鋭のドイツ戦闘機の追跡を受けた場合には、離脱は困難と判断されていた。そこでイギリス空軍は高性能の高々度戦闘機7型を母体に、高々度高速写真偵察機の開発をスタートさせた。この機体がスピットファイアPR10型写真偵察機である。

本機は7型の機体をそのまま母体にして多少の改造を施し、無武装の写真偵察機型としたものであった。主翼の武装を撤去した空間には燃料タンクを増設し、胴体後部には偵察用の垂直撮影用のカメラが搭載された。また機首下面には長距離飛行にそなえ、増加滑油タンクが配置された。そしてエンジンはマーリン61エンジンをより高々度用に改良した、最大出力一七一〇馬力のマーリン64が搭載された。

この偵察機は与圧装置付きの高級車並みの偵察機として完成するのであった。しかしその試作には手間がかかり、イギリス空軍はこの完備した高速偵察機の完成を待つ時間がなく、10型から与圧装置を外した偵察機型をPR11型として別途に至急開発を行なわせたのであった。その結果、与圧装置を外した11型は早くも一九四二年十一月に完成し、飛行試験の結果も空軍を完全に満足させるものとなったのである。

イギリス空軍はPR10型の開発は継続させる一方、応急開発型のPR11型を直ちに生産ラインに乗せ、実戦部隊に配置した。PR11型偵察機の実戦配備は素早かった。試作機は直ちに実戦部隊に配備され、ドイツ奥地までの写真偵察を決行させ、見事にその期待に応えたのであった。

このスピットファイア戦闘機の無武装写真偵察機型は、第二次大戦後半のイギリス空軍の

10型、11型

主力長距離偵察機として、その後縦横の活躍をした。ＰＲ11型の生産数は合計四七六機であるが、活躍した戦域は広く、ヨーロッパ西部、イタリアおよび地中海・アフリカ、極東と世界中の戦場にまたがった。

なお本機の優れた高々度性能と高速力はドイツ戦闘機の追随を許さず、本機の撃墜が可能になったのは一九四四年後半にメッサーシュミットＭｅ109Ｇ10やフォッケウルフＦｗ190Ｄ９、そしてジェット戦闘機のメッサーシュミットＭｅ262が登場してからであったのだ。

試作が遅れた高級写真偵察機

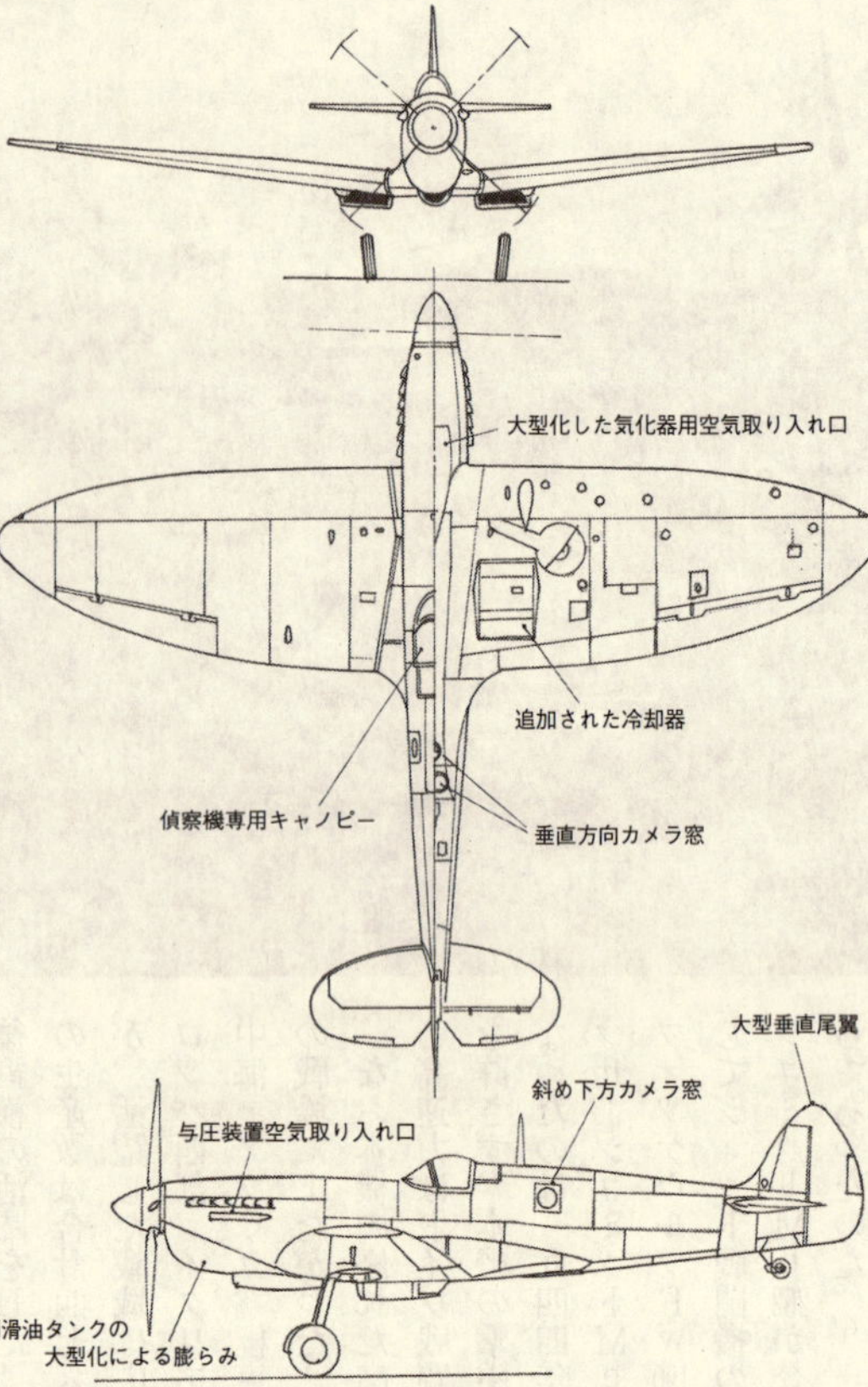

スピットファイア10型

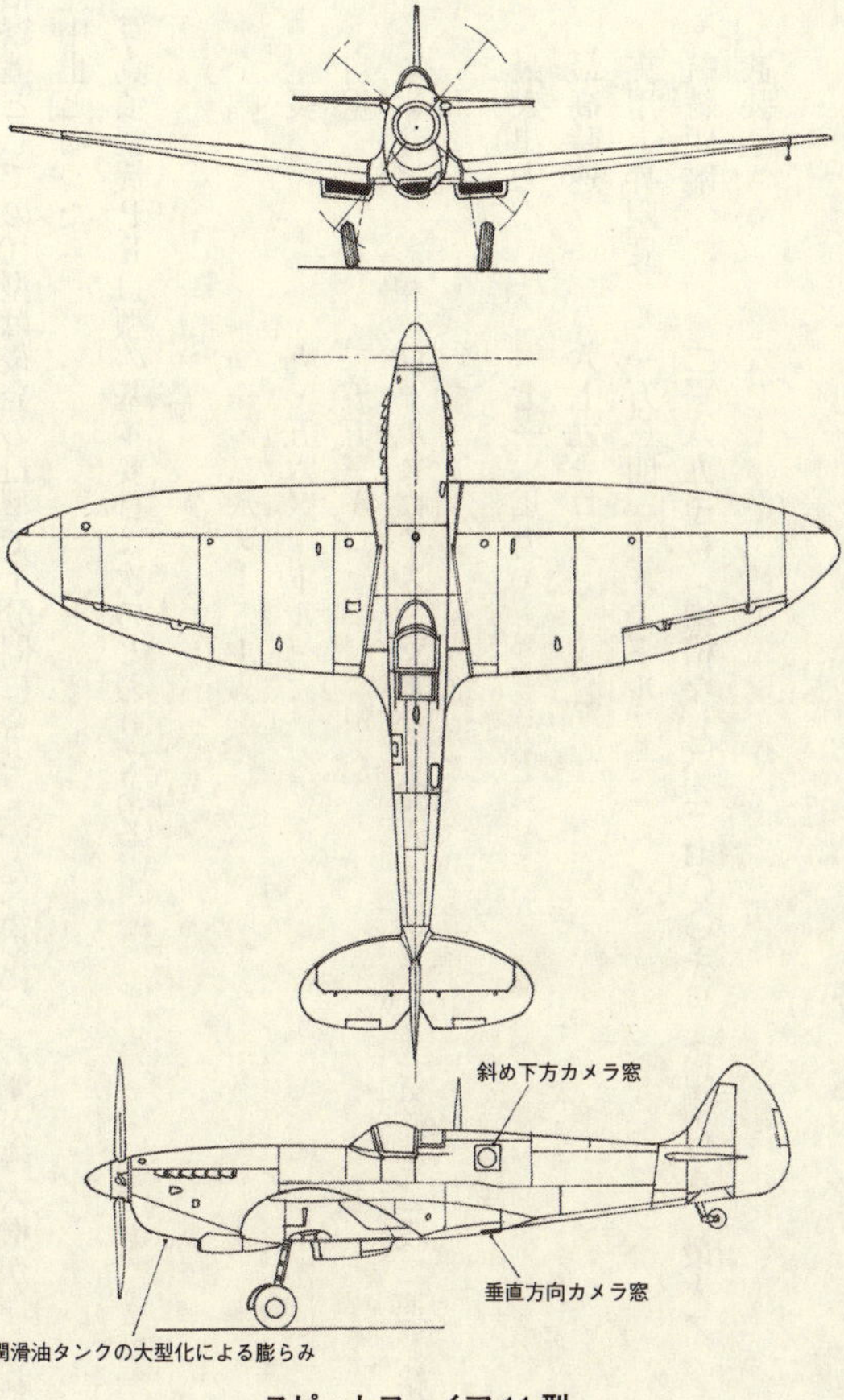

スピットファイア11型

PR10型の完成は、PR11型の登場から大幅に遅れた一九四四年四月であった。そして写真偵察機としての10型は後発の11型で十分間に合っていたために、わずか一六機が作られて生産中止となった。

写真偵察機PR11型の基本要目は次のとおりである。

全幅	一一・二八メートル
全長	九・五六メートル
自重	二五五三キロ
エンジン	ロールスロイス・マーリン63A（液冷V一二気筒・二段二速過給器付き）
最大出力	一七一〇馬力
最高時速	六七九キロ
実用上昇限度	一万三四一一メートル
航続距離	二一八九キロ（増槽なし）、三七〇〇キロ（増槽付き、最大）
武装	なし

連合軍のヨーロッパ大陸侵攻以降、戦況が連合軍側に有利になるにしたがい低高度からの

写真偵察の必要性が生じてきた。この用途のために造られた写真偵察機がPR13型である。機体の型式番号は新しいが、この用途の偵察機として造られたのは、旧式化し余剰となっていた5型の武装を撤去し、主翼内にカメラを設置したものであった。改造数はわずかに二六機に過ぎなかった。

スピットファイア12型（Mk12）および14型（Mk14）

ロールスロイス社は航空機用の汎用エンジンとしてマーリン系エンジンの開発と量産を進めていたが、マーリン系エンジンは出力アップの限界に達していたために、より強力な液冷エンジンの開発を進めていた。そして最初に実用化の目途がついたのがグリフォン3エンジンで、マーリン61エンジンより出力が二〇〇馬力強化されていた。

グリフォンエンジンは全長が少し長くなり、シリンダー容積も拡大され、それにともないシリンダーストロークの増加分だけエンジンの高さも増した。このためにこのエンジンを既存のスピットファイア戦闘機に搭載した場合には、エンジンカバーの両側を膨らませなければならなくなっていた。これがこのエンジンを搭載したスピットファイア戦闘機の特徴ともなった。

本エンジンは発展の第一段階として低高度で威力を発揮するエンジンとして開発されたもので、過給器も汎用の一段二速式が標準装備となっていた。

12型

一九四二年十二月頃から、ドイツ空軍はフォッケウルフFw190戦闘機に爆弾を搭載し、ドーバー海峡の対岸のフランス基地から少数編隊で出撃させ、イギリス南東部に点在するイギリス空軍の戦闘機基地やレーダーサイトをゲリラ的に超低空で襲撃し始めたのだ。ドイツ機はレーダーに探知されないように海峡を超低空で渡り、イギリス本土の目的地をヒット・アンド・ランしたのであった。

イギリス空軍は早速、このゲリラ攻撃に対抗しようとしたが、超低空を高速で飛び回るドイツ機の捕捉は難しく、手をこまねいていたのだ。低空で高速を発揮できる実戦投入間もないホーカー・タイフーン戦闘機も、このドイツ機の迎撃に出撃したが、重戦闘機のタイフーン戦闘機には、この軽快に飛び回るドイツ機の撃退は困難を極めたのだ。

そこでイギリス空軍が採った対策が、スピットファイア5型戦闘機に低空で高性能を発揮するグリフォン3エンジンを搭載し、低空で高速を発揮する新型スピットファイア戦闘機の開発であった。この改造は直ちに行なわれた。そしてスピットファイア戦闘機5型の機首を多少延長し、グリフォン3エンジンを搭載したスピットファイア12型を作り上げたのであった。さらに低空での旋回性能や横転性能を向上させるために、主翼の先端を切断し角型に成形した、いわゆる切断翼を装備したのであった。

スピットファイア12型は一九四三年二月から実戦部隊に配備され、低空ゲリラ襲撃のドイツ戦闘機の迎撃に功を奏し、同年半ば以降にはドイツ戦闘機による低空奇襲攻撃も消滅したのであった。

スピットファイア12型の基本要目は次のとおりである。

全幅　九・八〇メートル
全長　九・七〇メートル
自重　二五三三キロ
エンジン　ロールスロイス・グリフォン3（液冷V一二気筒・一段二速過給器付き）
最大出力　一七三五馬力
最高時速　六三二キロ

実用上昇限度　一万二千九二〇メートル
航続距離　五二九キロ
武装　二〇ミリ機関砲二門、七・七ミリ機関銃四梃

12型はこの特殊な用途に造られたために、生産数はわずかに一〇〇機にとどまった。しかし12型の成功はグリフォンエンジンの有効性を示すものとなり、イギリス空軍はスーパーマリン社に対し、9型に二段二速過給器付きグリフォンエンジンを搭載した新しい性能向上型のスピットファイアの開発を命じたのである。この要請に対しスーパーマリン社は、スミス主任技師を中心に直ちにグリフォンエンジン付きのスピットファイア戦闘機の試作に入ったのだ。

試作作業に入った直後の一九四三年秋、フランス上空の侵攻飛行を行なっていたスピットファイア9型戦闘機の編隊に対し、突然見慣れない戦闘機の編隊が襲いかかってきたのである。その機体は見慣れたフォッケウルフFw190戦闘機のようであるが、同戦闘機の短い空冷の機首が異様に長かった。そして、その速力はスピットファイア9型より早く上昇力も格段に優れており、苦闘を強いられたのである。

帰還したパイロットたちの報告から、その機体はすでに課報部で入手していた新型のフォッケウルフ戦闘機らしいことが判明したのであった。この機体はそれまでのBMW空冷エン

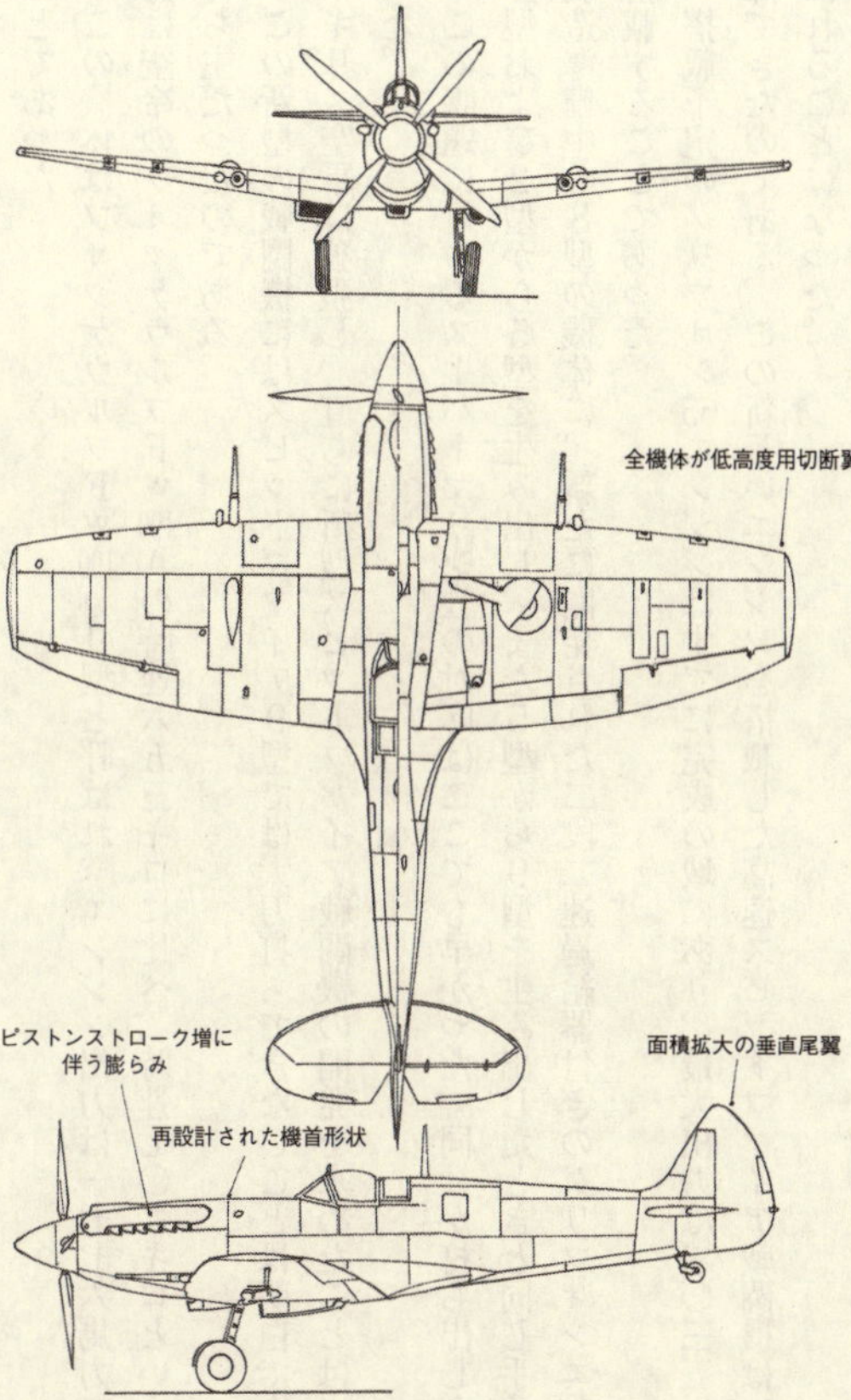

スピットファイア12型

ジンではなく、液冷のユンカース・ユモ213エンジンを搭載し、エンジン先端に環状冷却器（ラジエーター）を配置しており、一見したところは空冷エンジン付きの戦闘機と見違えるほどであった。

この機体はフォッケウルフFw190D9型と呼ばれ、エンジン出力は一七七六馬力で最高速力は空冷のフォッケウルフFw190Aの時速六五三キロに比べ、時速七〇九キロという快速の持ち主だったのである。

この新型の戦闘機にはスピットファイア9型では太刀打ちできないことは明白であった。イギリス空軍は狼狽し、直ちに新型スピットファイア戦闘機の開発を求めたことは当然であった。

この課題に対するスーパーマリン社の対応はここでも早かった。同社が打ち出した手段は、1型および2型から5型を生み出し、また5型から9型を生み出したときと同じ手法を使い、製造準備中の8型の機体に、新たに開発された二段二速過給器付きのグリフォンエンジンを搭載することであった。

搭載予定のグリフォン65エンジンはすでに完成の域にあり、最大出力は二〇三五馬力を発揮できたのである。この新しいエンジンを搭載した高速スピットファイア戦闘機は14型と呼ばれることになった。

このグリフォン65エンジンは8型に搭載するマーリン61より五〇〇馬力も出力が大きく、

フォッケウルフFw190D9

主翼や胴体がエンジンの回転により発生するトルクの影響を大きく受けることは明白であった。そのためには少なくとも胴体に若干の改造を施し、プロペラは五枚羽式に交換する必要があった。すでにグリフォンエンジンを搭載した12型の経験もあり、8型の機体にグリフォン65エンジンを搭載することは容易であった。但しトルク対策として垂直尾翼の面積を8型より若干大きくする対策を講じたのだ。

試作機は早くも一九四四年二月には完成し、量産型は同年四月から一部の実戦部隊に対して配備が始まった。

14型の最高速力は時速七一一キロを記録し、上昇性能は六〇〇〇メートルまでの所要時間七分という、フォッケウルフFw190D9と同等の性能のピンチヒッター戦闘機が完成したのであった。

ただその後エンジンと機体の量産に手間取り、14型がスピットファイア9型を使用する飛行隊に行き渡るまでには多くの時間を要し、大戦が終結した一九四五年五月の段階でも、西部戦線のまだ多くの実戦配備戦闘機中隊の機体は9型や16

14型e

型だったのである。
一九四四年五月頃よりドイツ軍はオランダやフランスに飛行爆弾V1の発射基地を続々と完成させ、六月以降、主にロンドンを目標に盛んにこの飛行爆弾を射ち込んだ。この飛行爆弾迎撃のためにイギリス空軍は高速の新鋭戦闘機ホーカー・テンペストとともに、高速のスピットファイア14型も飛行爆弾迎撃に活躍することになった。
一九四四年晩秋以降、ドイツ空軍はジェットエンジン駆動のアラドAr234爆撃機やメッサーシュミットMe262戦闘機などを戦場に送り込んできた。このレシプロエンジン戦闘機では迎撃が至難のジェット機に対し、スピットファイア14型装備の戦闘機隊は多くはない機会で迎撃戦に挑んだが、大半は不成功に終わった。だが稀ではあるが高速力を活用して両ジェット機の撃墜に成功している。
しかしこの撃墜記録はメッサーシュミットMe262ジェット戦闘機と対等の空中戦で挙げた戦果ではなく、Me262が戦闘機基地からの離陸の瞬間や着陸態勢にはいった弱点を利用し

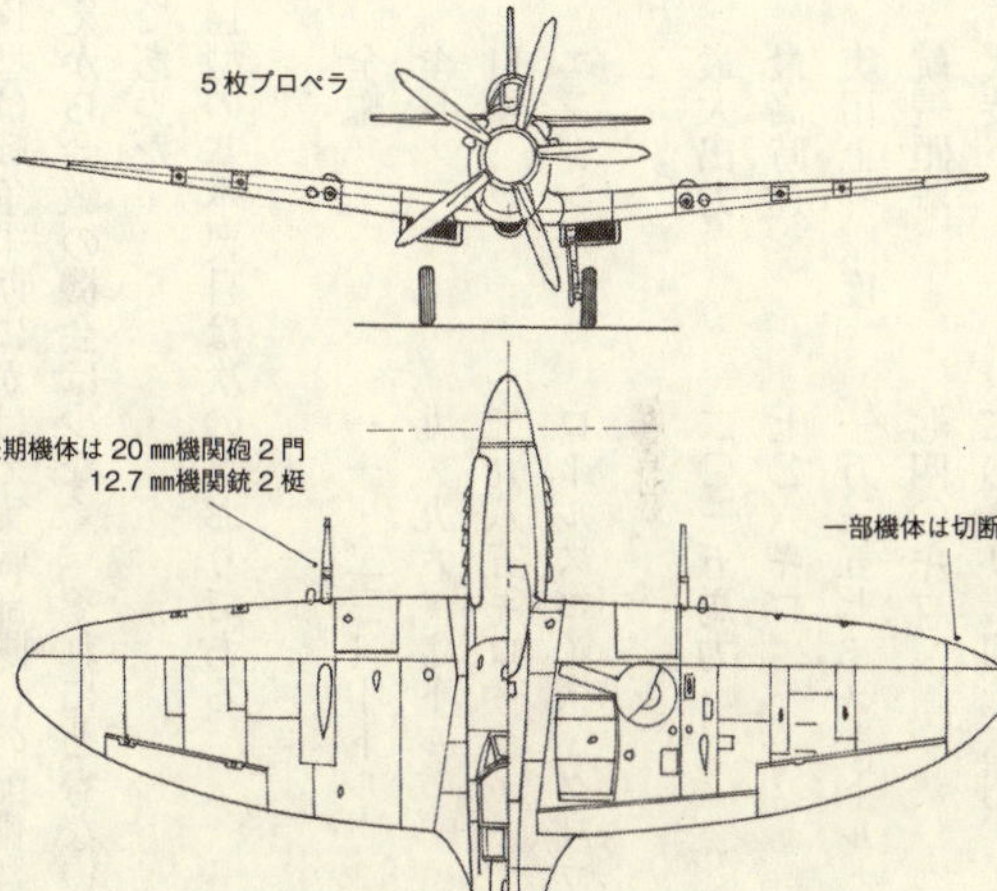

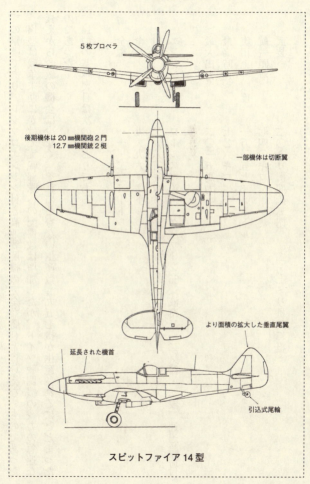

スピットファイア14型

ての撃墜であり、レシプロエンジン付き高速戦闘機の完全な勝利とはいえないものであった。

14型は戦争末期にかけて実戦部隊への配備数は増加したが、ドイツ戦闘機の戦力の急速な衰えから会敵の機会は少なく、それにともない生産数も九五七機が生産されるにとどまったのであった。

14型の基本要目は次のとおりである。

全幅	一一・二三メートル
全長	九・九六メートル
自重	二九八五キロ
エンジン	ロールスロイス・グリフォン65（液冷V一二気筒・二段二速過給器付き）
最大出力	二〇三五馬力
最高時速	七〇六キロ
実用上昇限度	一万三五七二メートル
航続距離	七四〇キロ
武装	二〇ミリ機関砲二門、一二・七ミリ機銃二梃

なお14型の後期生産型は操縦席の背後に偵察用のカメラを搭載し、偵察・戦闘機（FR）型として生産されている。また操縦席のフードを全周視界式の水滴形風防に改造されている。

スピットファイア18型（Mk18）

本機体はグリフォン65エンジンを搭載した8型を母体にした応急の戦闘機である14型を、既存の胴体や主翼の構造を可能な範囲で強化し、グリフォン65エンジン搭載の本格的な戦闘機として誕生したスピットファイア戦闘機である。

14型の主翼は9型および8型の主翼がそのまま使われていたが、強力なグリフォンエンジン付き戦闘機の主翼としては強度不足は否めず、18型では9型および8型の主翼に補強が施されている。

このときの主翼の補強方法としては、主翼の主桁の形状を押し出し成型材による単桁構造に変更することで、主翼強度をある程度強化することであった。またエンジン出力アップのために燃料消費量が増加するために、単桁構造にすることにより生じた主翼内の空所を、航続距離確保の対策として燃料タンク増設場所として活用することができるのである。しかしこの増加燃料タンクについては燃費のアップにともなう燃料消費量の増加に対し、多少の航続距離の延長がみられた程度で、18型でも航続距離の大幅な伸びは期待できなかったのだ。

18型の量産は遅れた。その理由は主翼の単桁押し出し成形材の製造に手間取り、量産開始

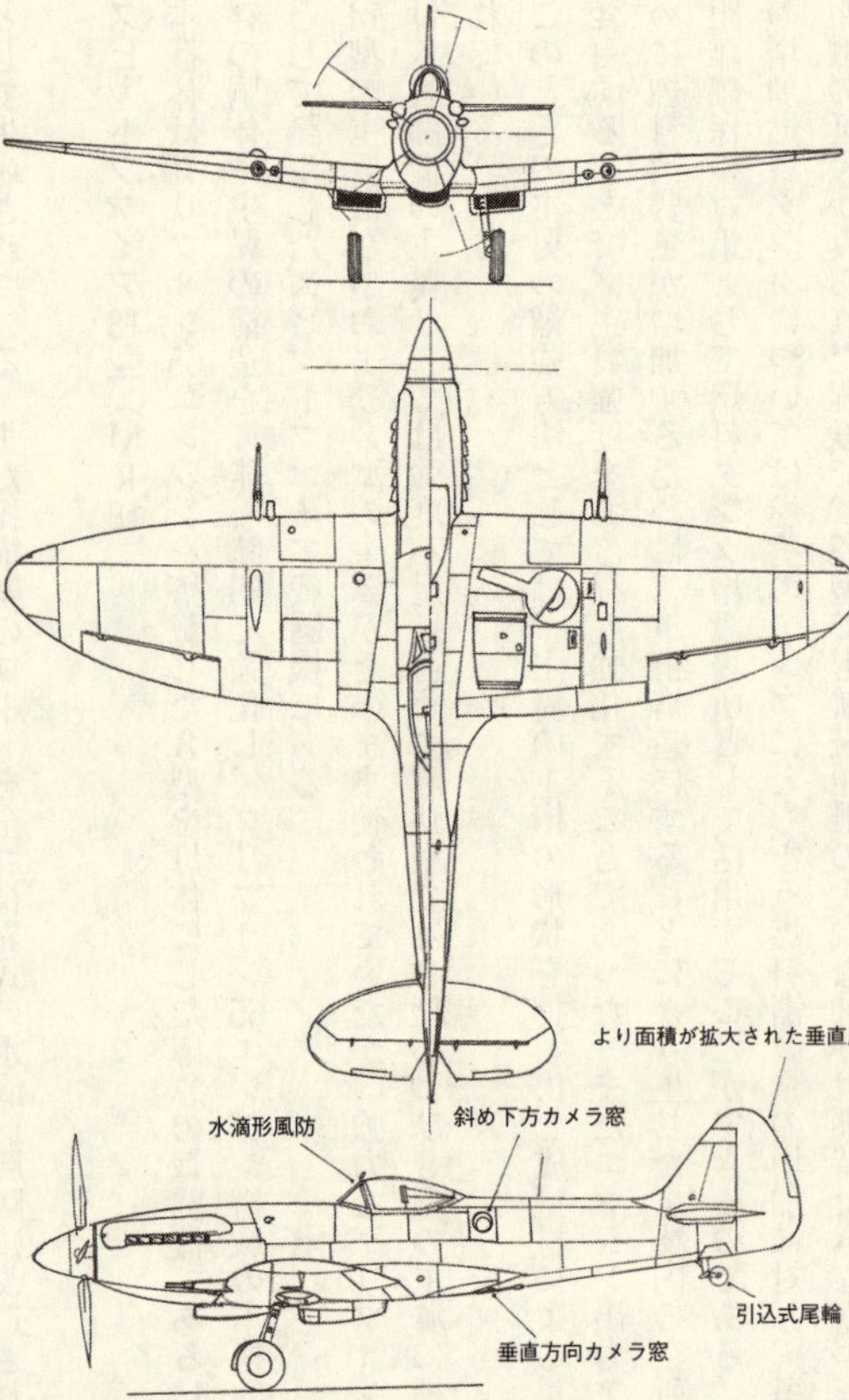

スピットファイア 18 型

18型、19型

が遅れたためであった。そして18型が実戦部隊に供給されたのは第二次大戦終結の直後となったのである。

18型は戦争終結後に徐々に部隊配備が行なわれ、その一部は紛争（マレー独立闘争）の続くマレー半島の実戦部隊に配備されたが、量産数はわずか三〇〇機に過ぎなかった。なお18型もその大半は操縦席背後に偵察用カメラを備えた偵察・戦闘機として生産されている。

スピットファイア19型（Mk19）

スピットファイア14型の開発が進められている段階で、本機を偵察機として完成させる案が出されたが、これは当然のことで直ちに準備が進められた。

完成した14型の機体の武装を撤去し胴体内に偵察用カメラを装備し、主翼内には新たに燃料タンクが配置された。本機は10型と11型に続くスピットファイア型偵察機として19型と呼ばれることになった。そして一九四四年九月には一部の偵察機中隊への配備が始まったのだ。

本機は高度七九三〇メートルで時速七二一キロの高速力を発揮した。この速力はそれまで快速偵察機として活躍していた10型や11型よりも時速五〇キロも速く、当時本機を追跡できるドイツ戦闘機はメッサーシュミットMe262以外には存在しなかったのである

つまり第二次大戦最後のヨーロッパの空の偵察任務は、スピットファイア19型のひとり舞台となったのであった。本機は合計二二五機が完成したが、戦後も独立闘争が続くイギリス植民地に派遣され偵察任務についていた。本機は一九五四年にマレー半島での偵察を最後の出撃とし、スピットファイア戦闘機の長い歴史が終わることになった。

19型の基本要目は次のとおりである。

全幅　　一一・二三メートル
全長　　九・九六メートル
自重　　二九六〇キログラム
エンジン　ロールスロイス・グリフォン65（液冷V一二気筒・二段二速過給器付き）

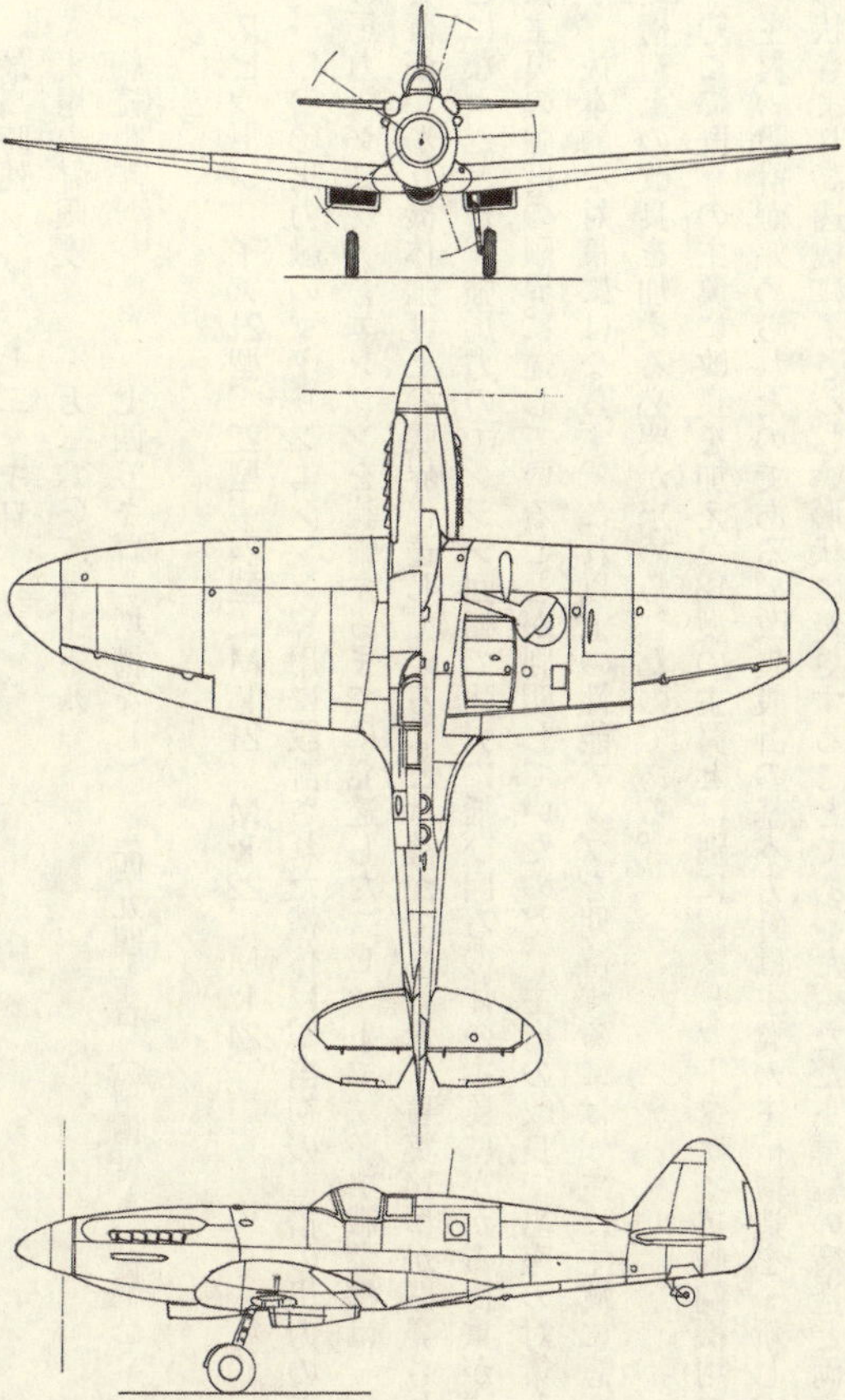

スピットファイア19型

最大出力　　　　　二〇三五馬力
最高時速　　　　　七二一キロ
実用上昇限度　　　一万二八〇二メートル
航続距離　　　　　一七四五キロ（増槽なし）、二四九四キロ（増槽付き、最大）

スピットファイア21型、22型、24型（Mk21、Mk22、Mk24）

一〇〇〇馬力級のマーリンエンジン専用に設計された機体に、当初の二倍の出力の二〇〇〇馬力級グリフォンエンジンを装備するまでに発達したスピットファイア戦闘機は、様々な負荷がかかり機体強度上の限界に達していることは確かであった。事実14型が開発されることになったとき、強馬力のエンジン回転で強引に飛び回る機体の主翼にかかる荷重が、すでに主翼の強度の限界に達していることが判明していたのだ。主桁の改良で当座の対策としたが、抜本的な対策にはならず、これ以上の性能アップを期待するには、主に主翼に思い切った構造上の改良を加える必要が求められたのである。

そこで既存の主翼に改良を加えた18型の主翼とは別に、スピットファイア戦闘機用の新しい主翼の設計が始められたのである。改良設計の基本方針は主翼の主桁構造を一新し、平面形状もより高速機にふさわしい形状に変更することであった。ただ主車輪の構造と両主翼下のラジエーター位置の変更は、まったく別機体となるためにこの時は見送られることになった。

主桁の構造は二本配置とし、外板の厚さを増し主翼の強度向上に努めた。そして主翼の形状も優美な楕円形状からテーパーの少ない、多少曲線を保った直線に近い翼形とし、翼端も角型に近い高速機向きの形状に改良された。

一方胴体にも強度向上のための改良が加えられた。縦桁やリムの材料の厚さを増し、外板の厚さも多少増加させた。さらに速力向上の対策として、それまで車輪引き込み時に半分露出していた主車輪に車輪カバーが配置され、垂直尾翼も大型に変更された。そしてそれまで主車輪幅が狭かったものをトレッドを多少広げ、同時に車輪主柱を強化し、着陸時の安全性の向上にも努めたのだ。

また武装も14型および18型の二〇ミリ機関砲二門と一二・七ミリ機関銃二梃から、二〇ミリ機関砲四門装備に強化され、攻撃力が格段に増した。

21型は機体強度向上の様々な改良設計のために機体重量が増し、18型に比較して約七〇〇キロも重くなっていた。しかしこの重量増加も新しい強馬力グリフォンエンジンの装備により、性能の低下はなく、最高時速は七三六キロを記録した。上昇率も9型の一分間一二〇〇メートルであったものが、じつに一四九四メートルへと飛躍的な向上を示したのである。

しかし全般的にいえることは、本機からは9型に代表されるスピットファイア戦闘機の本来の軽快さは消え失せ、強力なエンジンで飛び回る「暴れ馬」的な印象となり、操縦の難しい戦闘機に仕上がっていたのであった。

最初に完成したのは21型で、一九四四年二月には試作一号機が完成していた。しかし工作の煩雑さは量産を遅らせ、同年十二月までに完成したのは三〇機ほどで、最初の実戦部隊への配備は一九四五年二月に入っており、新型スピットファイア戦闘機の第二次大戦での活躍はわずか二ヵ月程度であった。しかもそのころにはドイツ戦闘機の組織的な戦闘はほとんどなく、空中戦を展開した記録もほんのわずかに過ぎなかった。そして戦争の終結のために21型の生産はわずか一二二機に過ぎなかった。

21型以降のスピットファイアは「スーパースピットファイア」との呼称が与えられていたが、一般的になる前にこの戦闘機の時代は終わることになった。

21型の操縦席フードは9型や8型と同じくレザーバック式であったが、視界の改善のために21型のフードを全周式の水滴形風防に改良したのが次の22型で、21型に続いて生産された。しかし本機もわずか二七八機のみであった。その後、燃料タンクの容量を若干増やし、機関砲の射撃装置を空気式から電気式に改良した機体が24型として生産されたが、こちらも五四機の生産で終わり、ここにスピットファイア戦闘機の歴史は終了することになったのである。

22型の基本要目は次のとおりである。

全幅　一一・二五メートル

21型、22型、24型

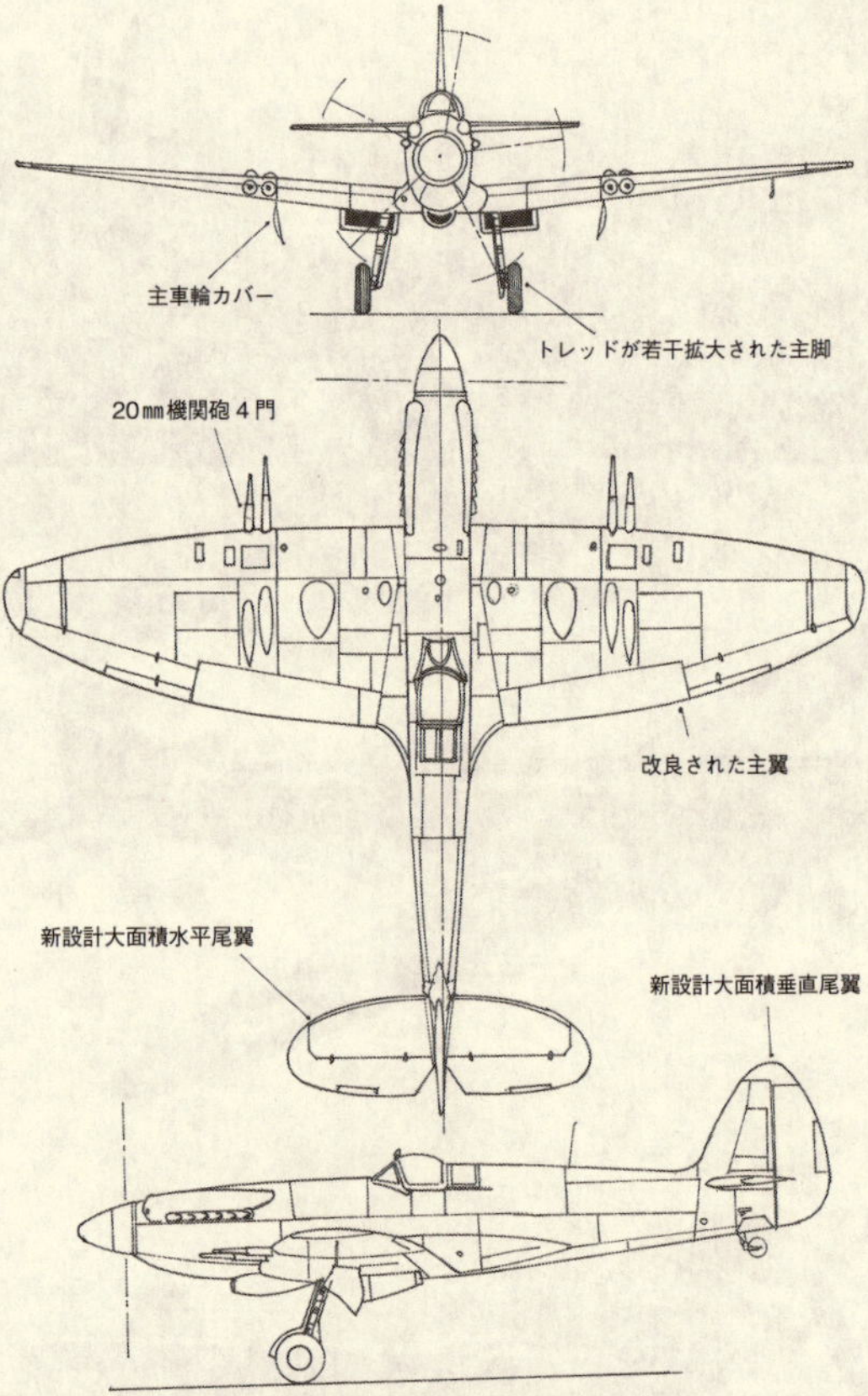

スピットファイア21型

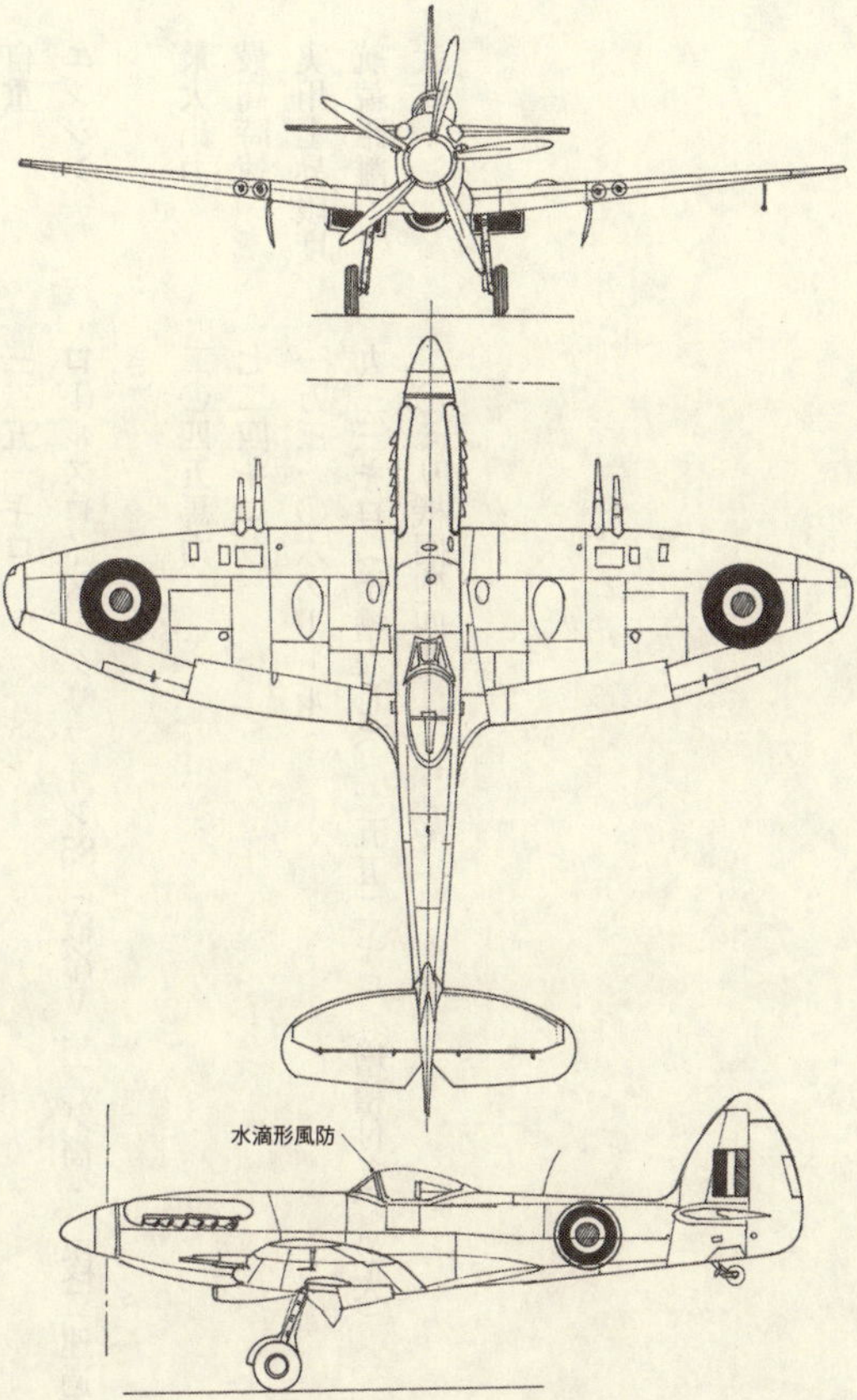

スピットファイア24型

全長　一〇・〇三メートル
自重　三三五一キロ
エンジン　ロールスロイス・グリフォン85（液冷V一二気筒・二段二速過給器付き）
最大出力　二〇四五馬力
最高時速　七二四キロ
実用上昇限度　一万三一〇六メートル
航続距離　九三三キロ（増槽なし）、一五五二キロ（増槽付き、最大）
武装　二〇ミリ機関砲四門

第5章 艦上戦闘機型スピットファイア（シーファイア戦闘機）

第二次世界大戦勃発当時のイギリス海軍は、最新鋭のアークロイヤルや巡洋戦艦を改造したフューリアス、カレージアス、グローリアスなど六隻以上を保有する、航空母艦大国であった。しかしそこで運用されていた艦上戦闘機は、およそこれら新鋭航空母艦にはそぐわない摩訶不思議な姿の機体であった。

それらは軽快な戦闘機とは程遠い性能の、軽爆撃機フェアリー・バトルを複座戦闘機にしたようなフェアリー・フルマー艦上戦闘機。武装として後部座席に機関銃四梃の旋回銃座のみを装備した不思議な複座艦上戦闘機ブラックバーン・ロック、そして陸上戦闘機を艦上戦闘機に改めた複葉・羽布張りで固定脚のグロスター・シーグラジエーターなどであった。

イギリス海軍の艦上戦闘機がこうした機体であったことには理由があった。イギリス海軍の航空母艦の運用は、戦艦や巡洋艦で編成する艦隊（戦隊）につねに一隻の航空母艦を組み入れ、敵艦隊（仮想敵国のドイツ艦隊・戦隊）に対する先制攻撃を展開することが目的で、そこには艦上戦闘機は不要で艦上爆撃機や艦上攻撃機のみが必要であったのだ。またその背景には当時のドイツ海軍には航空母艦が存在せず、航空母艦作戦に基本的に戦闘機の必要性がなかったためであった。

しかしひとたび開戦となると、事態は必ずしも想定していたようには進まず、より完成した艦上戦闘機の必要性に迫られてきたのであった。

イギリス海軍の航空母艦が地中海方面での作戦を遂行する段階で、ドイツおよびイタリア空軍戦闘機と遭遇する機会がふえ、イギリス海軍としてより完成した艦上戦闘機の搭載が必要になったのである。

この事態にイギリス海軍が打ち出した手段が、空軍のホーカー・ハリケーン戦闘機を艦上戦闘機として使うことであった。そのために海軍は空軍からハリケーン戦闘機を借り受け、胴体後部に若干の補強を施し、着艦フックを取り付け応急の艦上戦闘機としたのである。完成した艦上戦闘機型ハリケーンはシー・ハリケーンと呼称され、一九四一年十一月頃より、主に船団護衛用の護衛空母に搭載され、船団を攻撃してくるドイツ空軍爆撃機に備えたのである。

このシー・ハリケーンはある程度の成果を残したが、より戦闘能力の優れた艦上戦闘機が要求され、海軍は一九四二年後半に空軍よりスピットファイア戦闘機5型を五四機借り受け、俄か仕立ての艦上戦闘機型スピットファイアを完成させたのだ。

その結果、この艦上機型スピットファイアは実用性に十分に供するとの判断がなされ、海軍は艦上戦闘機として独自にスピットファイア5型を三七二機改良生産（1型）したのであった。

これらスピットファイアはそのまま艦上戦闘機として使うことはできず、胴体尾部の下部を補強し、新たに着艦フックを取り付けた。また主脚を艦上機特有の着艦方法に耐え得るように多少の補強改造が施され、新たに「シーファイア」の呼称を得てシーファイア2型として運用されることになった。

しかしこれらの機体の主翼は折りたたむことができず、艦上での取り扱いが不便であることから、つぎの発注分の三七二機については主翼を折り畳み可能に改造したのである。このタイプをシーファイア3型と呼称し、以後大戦の終結までシーファイア艦上戦闘機の主力として運用され、総生産数も一二二〇機に達した。

シーファイア3型の主翼の折り畳み方は変わっていた。主翼折り畳み部分は主車輪の収納孔の外縁部分となっているが、折り畳まれた主翼はイラストリアス級大型空母の格納庫天井に接触してしまうために、主翼の先端約五〇センチはさらに外側に折り畳まれるようになっていた。

シーファイア3型は母体がスピットファイア5型であるために、基本的には性能は5型と

シーファイア3型、下は主翼を折りたたんだ状態

同じであるが、機体の補強などの重量増加分で速力や上昇率がやや低下している。最高速力は5型の時速五九八キロに対し、五八四キロとなっている。

しかしシーファイア3型の決定的な欠点はスピットファイアが母体であるために航続距離が絶対的に短いことであった。正規の状態の航続距

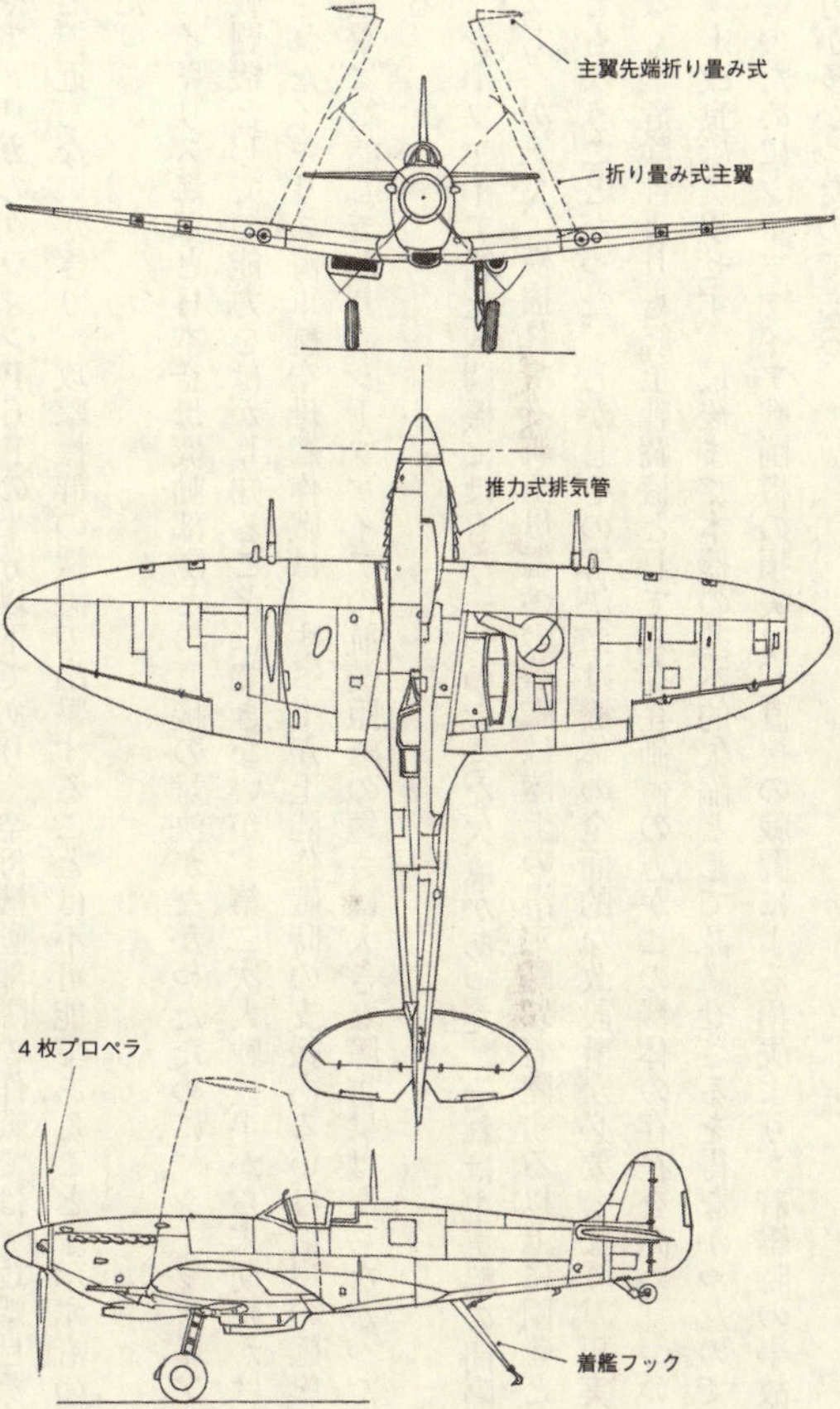

シーファイア3型

離は七五六キロで、戦闘時の増槽付きでも一一〇〇キロが最大であった。これは日本の零戦やアメリカのグラマンF6Fの半分以下であり、空母機動部隊の作戦では、攻撃目標によほど接近しないかぎり、攻撃機群の援護で出撃することは不可能であることを示すものであった。

イギリス海軍と日本空母機動部隊との直接の対決がなかったために、シーファイアの艦上戦闘機としての能力をはかり知ることはできないが、第二次大戦後半から末期にかけて展開されたイギリス海軍航空母艦作戦は、すべてが上陸作戦時の支援あるいは沿岸の艦艇などの攻撃に終始しており、シーファイアの航続距離の短さは大きな障害にはならなかったのである。

シーファイア艦上戦闘機にはもう一つの大きな欠点があった。それは主車輪の間隔（トレッド）が狭く、横揺れする航空母艦への着艦は陸上の滑走路に着陸する以上に困難と危険をともなうことだった。しかしその解決には機体の全面的な改設計が必要となり、現実的ではなく、危険性よりも艦上戦闘機としての存在価値の方がこの機体の存在を高め、ついにトレッド改良は実現せず、最後まで本機の基本的欠陥として認識せざるを得なかったのであった。このためにシーファイア戦闘機の損失は、直接の戦闘による損失よりも着艦時の事故による方が多かったのである。

スピットファイア戦闘機のエンジンにグリフォンエンジンが搭載されると、グリフォンエ

シーファイアの着艦事故

ンジン付きシーファイア艦上戦闘機の開発要求がイギリス海軍から出された。

これに対しヴィッカース・スーパーマリン社は、スピットファイア12型とまったく同じ仕様のグリフォンエンジン付きシーファイア戦闘機を試作することにした。ただこのとき最終的に搭載されたエンジンは、ス

シーファイア15型、47型

ピットファイア12型に搭載されたエンジンより若干出力の大きな（最大出力一八一五馬力）グリフォン61エンジンで、このために最高速力は時速六六〇キロに向上した。

　この機体の試作機は一九四三年十一月に完成し、シーファイア15型として量産に入ることになったが準備に手間取り、量産機が実戦部隊に配備されだしたのは一九四五年一月以降となり、出撃可能になったのは第二次大戦終結直後の九月のことであった。生産数は三九〇機にとどまった。

　その後もグリフォンエンジン付きスピットファイア戦闘機の量産にともない、シーファイア戦闘機もスピットファイア18型、22型、24型と同規格の艦上戦闘機

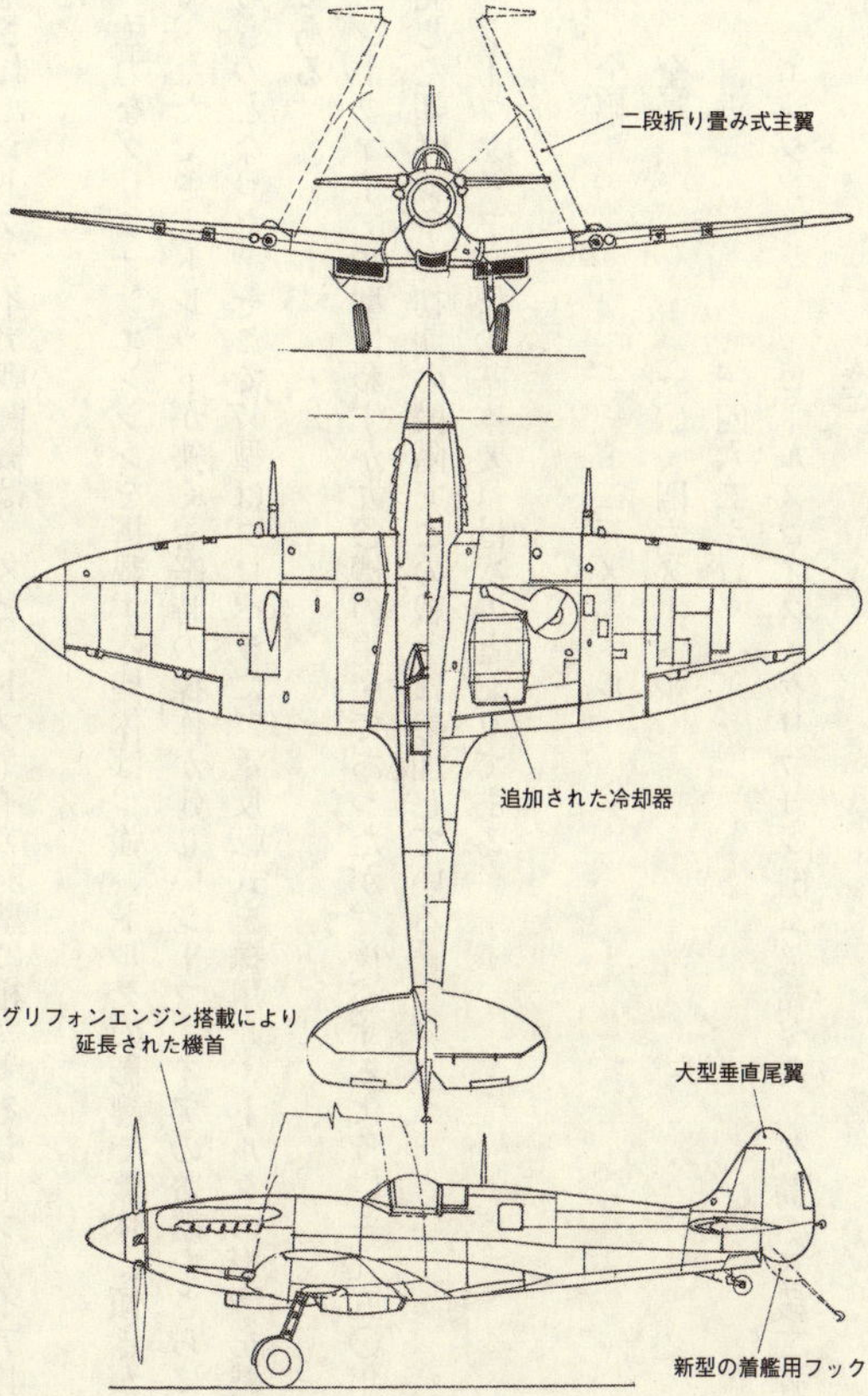
二段折り畳み式主翼
追加された冷却器
グリフォンエンジン搭載により
延長された機首
大型垂直尾翼
新型の着艦用フック

シーファイア15型

として若干数が生産されたが、戦争の終結によりその生産数は少なかった。そして最後に開発されたシーファイア戦闘機は、スピットファイア24型に相当するシーファイア47型であった。

強力なグリフォンエンジンを搭載する機体は、強いトルクの影響で機体に傾きが生じやすく、ただでさえトレッドが狭く着艦時の操作が難しいシーファイアの着艦をさらに困難にするものとなった。そこで47型はプロペラに二重反転式を採用し、トルクの影響を減殺したのである。

シーファイア47型はわずか九〇機の生産であったが、後述するように一九五〇年六月に勃発した朝鮮戦争の初期の段階でこの戦争に参加している。

シーファイア47型の基本要目は次のとおりである。

全幅　一一・二五メートル
全長　一〇・四六メートル
自重　三四六二キロ
エンジン　ロールスロイス・グリフォン61（液冷V一二気筒・三段二速過給器付き）
最大出力　二〇四五馬力

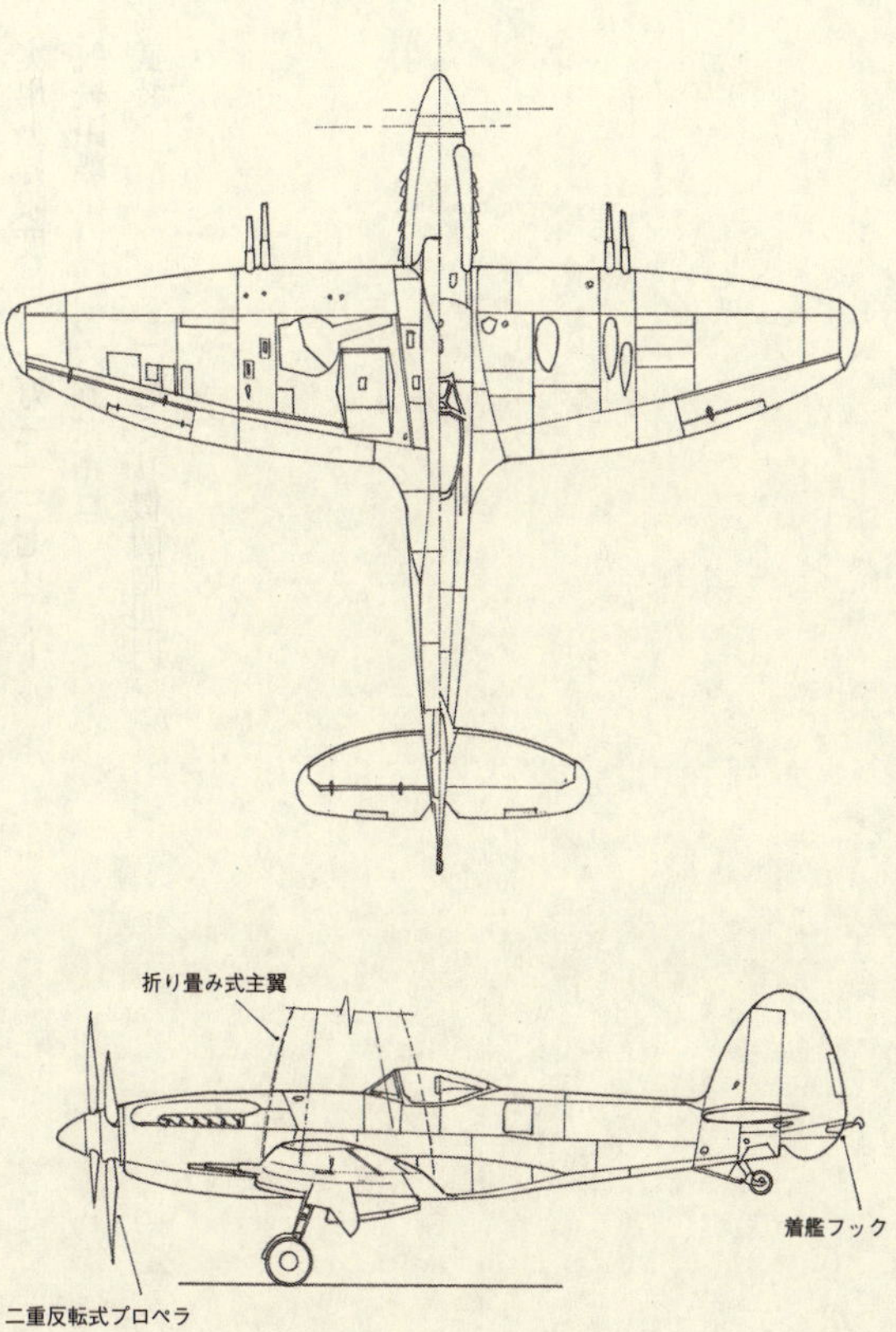

シーファイア 47 型

最高時速　　　七二六キロ
実用上昇限度　一万三一三七メートル
航続距離　　　六五二キロ
武装　　　　　二〇ミリ機関砲四門

第6章 スピットファイア戦闘機の長所と短所

スピットファイア戦闘機はイギリスが誇る戦闘機であった。野球選手に例えれば「走攻守」のすべてを兼ね備えた名選手といえた。しかし本機を実戦に投入してみると、けっして名選手・名戦闘機とは言い難い側面が現われるのである。

スピットファイア戦闘機の長所

その１、優れた構造設計

スピットファイア戦闘機の試作機が完成したのは一九三六年二月であった。同年六月にはイギリス空軍省から量産機生産の命令が出された。

そして量産一号機が完成したのは一九三八年五月であったが、同じ頃に第一線用戦闘機として登場した各国の戦闘機は、日本では陸軍の全金属製ではあるが固定脚式の九七式戦闘機、海軍が同じく全金属製ではあるが固定脚式の九六式艦上戦闘機であった。またアメリカ陸軍は全金属製・引込式車輪は装備するが、最高時速五〇〇キロにも満たない鈍重なセバスキーP35あるいはカーチスP36戦闘機であった。そして海軍は全金属製ながら複葉のグラマンF3F艦上戦闘機だった。一方ドイツは後に空軍の主力戦闘機となったメッサーシュミットMe109はまだ誕生していなかった。

この頃に早くも最高時速五八〇キロを出す、全金属製で引込脚を装備したスピットファイア戦闘機の出現は世界の空軍の脅威であったのである。

スピットファイア戦闘機の機体設計は、胴体から主翼まで高速機にふさわしい形状と構造となっていたのである。そしてこの機体に武装を施せば、直ちに第一線用戦闘機として用いることが可能だった。その後の進化の中で、主に主翼の構造について部分的な再設計は行なわれた。しかし本機の基本性能を損なうものとはならなかった。つまり本機の基本設計が高速戦闘機に適したものになっており、設計者のミッチェルの非凡な才能を再確認するものとなったのである。

本機はその後、実戦部隊からの性能向上の要求に従い、つぎつぎと新型の出力の大きなエンジンを搭載し性能向上に対応したが、このとき機体の基本構造にはほとんど手は加えられていないのである。このようにスピットファイア戦闘機の最大の長所は、機体設計が当初から極めて優れていた、ということである。

スピットファイア戦闘機の平面図を眺めると、マーリンエンジンを搭載した1型から19型に至るまで、その主翼形状には大きな違いもなく、胴体においても出力が大幅に向上したエンジンを搭載した7型以降の機体で、エンジンの大型化分だけ機首がわずかに延長されたこと、また垂直尾翼の面積がやや拡大されたこと以外に基本的な変更はみられないのである。つまり1型の最高時速五八〇キロが、19型で七二〇キロ以上に高速化されても、機体の基本設計に変更は生じることはなかった。

その2、優れた操縦性と武装の多様性

スピットファイアの機体設計の基本にあったのは、戦闘機としての格闘能力（旋回性、横転性、上昇性能など）に優れた機体であることであった。確かに多くの空戦記録を眺めても、パイロット自身が本機の高い運動性能を評価している場面が多い。本機が旋回性能を重視するドッグファイト向きの戦闘機であったことは確かなもので、旋回性能に劣るドイツ空軍のメッサーシュミットMe109戦闘機とは、格闘戦に限っては有利な空中戦を展開することができたのである。

一方本機の急降下に際しての機体の強度に対する信頼性も高く、時速八五〇キロ以上を発揮しても機体が破壊することはなかった、と証言されている。したがって本機が一撃離脱式の空戦に不適な戦闘機であったという証拠はなく、むしろ本機が万能な戦闘機であったとい

スピットファイアの操縦席

っても過言ではなさそうである。

スピットファイア戦闘機を語るときに忘れてはならないことは、その主翼の翼端の形状が用途により変えられており、それぞれに期待される効果を発揮したことである。

翼端形状は5型、6型、7型、8型、9型、12型、14型、そして18型にいたるまですべて同じである。一方高々度戦闘機用（HF型）としては両翼端の延長が行なわれた。高空での操縦性と運動性の安定を図るためである。いま一つが主に低高度で運用される機体の両翼端の切断（LF型）である。両翼端を約五〇センチ切断し角型に成形することにより、低高度での旋回性や横転性などの運動性を向上させ増速の効果も期待された。

本機の武装には1型から24型まで四種類の武装が標準装備とされた。1型の大半は七・七ミリ機関銃八梃が標準装備とされた（この装備の主翼をA翼と称した）。そして2型から9型にいたるまでは、二〇ミリ機関砲二門、七・七ミリ機関銃四梃が標準装備とされた（この装備の主翼をB翼と称した）。なお両方の装備が可能な主翼をC翼と称した。さらに14型と18型は二〇ミリ機関砲二門と一二・七ミリ機関銃二梃装備（この装備の主翼をE翼と称した）となっている。さらに21〜24型では一段と武装強化され、二〇ミリ機関砲四門装備となっている。

なお5型、8型、9型、16型は必要に応じて爆弾搭載も可能となっていた。その場合は爆弾搭載個所は胴体下面（操縦席下方）と両主翼下面で、胴体下搭載の場合は最大で五〇〇ポンド（二二五キロ）爆弾一発であった。また主翼と胴体下搭載の場合は二五〇ポンド（一一二キロ）爆弾各一発ずつであった。ただし胴体下に爆弾を搭載して急降下爆撃を行なう際には、降下角度四五度以上での投下は爆弾によるプロペラ破損の危険性があるために四五度以内の軟角度で行ない、機首上げと同時に爆弾を投下するという特別な方法で実施された。このために正確な命中を期待することは難しかったという。

スピットファイア戦闘機の短所

極めて優れた戦闘機として評価が高いスピットファイア戦闘機にも、本機の機能を損なうような欠点があった。ただしこの欠点は本機を設計したミッチェル自身も気がつかなかったはずで、実用化されてからの結果論としての欠点というべきである。

スピットファイア戦闘機の持つ決定的な欠点とは「航続距離の短さ」、そして「主脚のトレッドが著しく短く、着陸時の安定性を欠いた」の二点である。

この二つは、スピットファイア戦闘機が実戦部隊に配置され活躍を始めてから指摘されだしたものである。航続距離の短さは、航空戦の様相が第一次大戦当時とは大きく異なり、制空戦闘として遠距離への出撃の機会が増すことにより航続距離の伸長が望まれたからこその結果論である。また航空戦のあり方が戦争の展開を左右するほど重要性を帯び、航続距離の伸長が必要不可欠になったからこそ注目されたことなのである。つまり航続距離の短さは、スピットファイア戦闘機が当初から持つ「本質的な欠陥」と決めつけることは酷なことなのである。

ただ主脚トレッドの短さについては当初から指摘されたことで、設計者がなぜトレッドの短い主脚を採用したのかは、同じ問題を抱えたメッサーシュミットMe109とともに、その真意は不明のままである。

その1、短い航続距離

スピットファイア戦闘機の航続距離は、正規の燃料タンクのみの使用であれば、マーリンエンジンを搭載した1型から5型までは六四〇キロ、9型では七〇〇キロ、7型と8型では一〇六〇キロである。グリフォンエンジンを搭載した12型、14型、そして18型では七〇〇キロである。この値はそれぞれのタイプが活躍した頃の日本やアメリカの戦闘機に比較すると格段に少ない。半分あるいは半分以下である。この短い航続距離は、ドイツの主力戦闘機であったメッサーシュミットMe109やフォッケウルフFw190でも同様だった。

ヨーロッパにおける航空戦は第一次世界大戦で代表されるように、敵味方が近接した陸上戦の上空で展開された。そして航空機は近接する敵陣地や基地や諸施設の爆撃を展開し、この爆撃機を攻撃することが戦闘機の役目であり、またその戦闘機を駆逐することが戦闘機の本来の任務であったのである。つまり戦闘機ははるか遠方からの出撃という構想はなく、あくまでも敵最前線に近い基地からの出撃とされていたのであった。

第一次大戦の終結から第二次大戦までの間も、ヨーロッパ諸国空軍の航空戦に対する構想には遠距離出撃というものはなく、戦闘機はあくまでも近接戦闘行動が主体と考えられていたのである。つまり広大とはいえない陸続きの国家間の航空戦では、戦闘機であれば必然的に生まれる近接航空戦がすべてだったのである。

第一次大戦後の航空機の発達は驚異的であったが、航空戦の展開される行動範囲には、少なくとも戦闘機に関していえば「長距離行動」という構想は存在しなかったはずである。このためにイギリスもドイツもフランスもイタリアもさらにソ連も、戦闘機の行動半径を五〇〇キロ以上などという考えはなかったといえるのである。

イギリスの場合、大陸との間に海峡は存在するが、かりに仮想敵国のドイツとの間に戦端が開かれたとしても、イギリス空軍は、朋友国のフランスやオランダ、あるいはベルギーに戦闘機部隊を遠征軍として派遣することが第一義的であった。イギリス本島での戦闘機の活動はロンドンなどの主要都市、あるいは地域防空が任務であり、戦闘機自体に大きな航続力を持たせ、はるばる大陸の奥まで進出させるという構想は存在しなかった、と考えるのが妥当なのである。

スピットファイア戦闘機の燃料タンクは当初より一個だけであった。エンジンと操縦席との間に上下二段式の合計八五英ガロン（三八七リットル）入りの燃料タンクが配置されていた。機体の他の場所に燃料タンクを配置しようとしても、主翼の場合は外側引込式の主車輪の収納場所や、主翼下のエンジン冷却液の冷却装置（ラジエーター）の配置、さらに合計八梃の機銃と弾薬の収容場所として使われ、燃料タンクを配置する余地がなかった。また胴体にしても操縦席直下にはスペースがなく、操縦席の背後の空間は燃料タンクを配置する場所としては最も不都合な場所（敵の背後からの攻撃で弾の命中しやすい個所）であり。スピットファイア戦闘機の燃料タンクは限定されていたのであった。

8型以降のスピットファイア戦闘機に関しては、エンジン出力の強化とともに燃料消費量の増加は必然となり、その対策として両主翼前端の機関砲砲口の内側に、それぞれ六〇リットル入りの燃料タンクを増設した。また21型以降の機体ではやむを得ず操縦席の背後に予備燃料タンクを配置し、燃費上昇と航続距離減への対策とした。

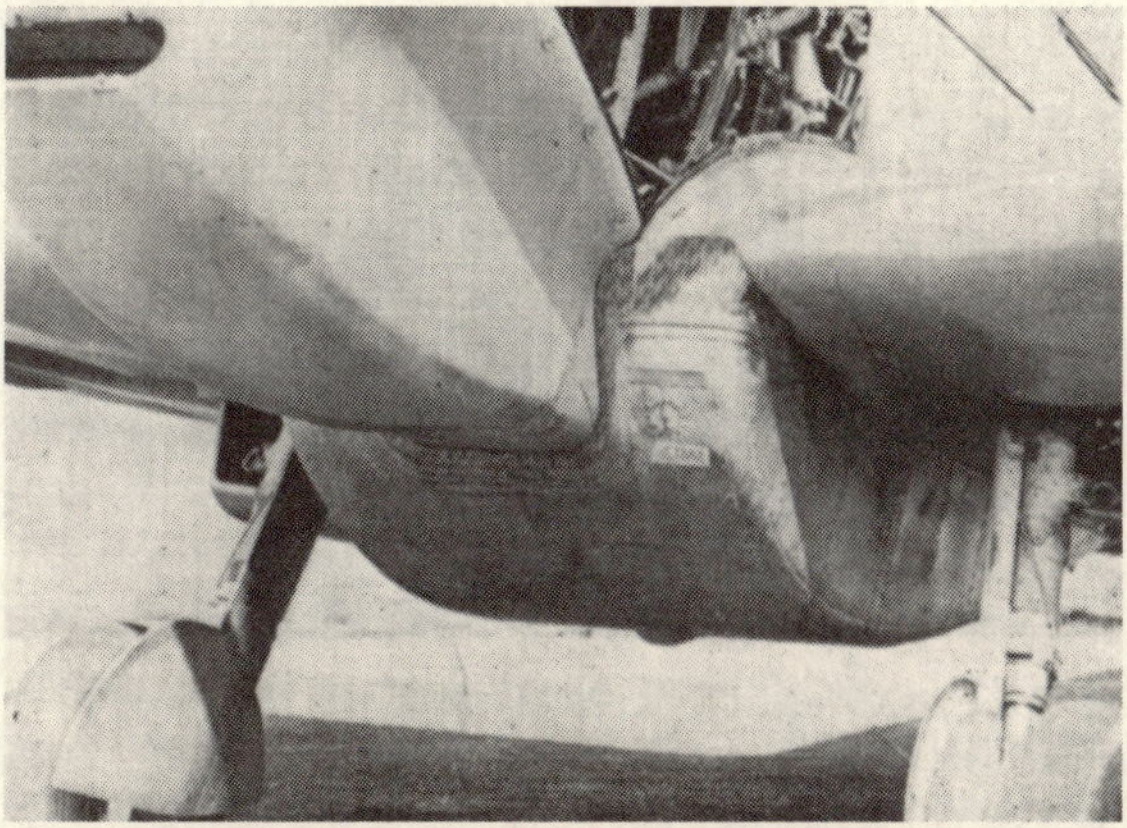

スピットファイアの増槽

なお航続距離の増進対策としては両翼下や胴体下に落下式の増加燃料タンクを搭載したが、基本の燃料搭載量にともなう航続距離との関係から、大容量の増加燃料タンクを搭載することはできず、六〇～一五〇リットル入りの投下式増加燃料タンクを装備することが限界であった。フランス上空への制空作戦では一〇〇リットル前後の燃料タンクを搭載し、イギリス基地から一五〇～二〇〇キロの地点までこの増加燃料タンクを使うのが一般的だったのである。

余談ながら、この戦闘に出撃するパイロットたちの共通用語に「ベビーを落とせ」という隠語があるが、これは「増加タンクを切り離せ」という意味で、戦闘モードに入ることを意味していたのである。ただ空中戦に与えられる時間は一五分以内（空中戦ではエンジンに多大な負荷をかけるために、燃料消費量が一気に上昇するため）が原則

スピットファイアの主脚

であった。

その2、主脚間隔（トレッド）の極端な狭さ

スピットファイア戦闘機のトレッドは1型から19型まで一・七メートルに過ぎなかった。高速戦闘機としては極端に狭いのである（注、零式艦上戦闘機では三・五メートル、陸軍の三式戦闘機「飛燕」では四・二メートル）。トレッドが短くなっている原因は主車輪を外側引込式を採用したからである。外側引込式にした設計者の意図は不明である。

しかしこの頃試作された幾種類かの航空機（ほとんどがドイツ機。メッサーシュミットMe109戦闘機、ハインケルHe112戦闘機、ユンカースJu86輸送機、メッサーシュミットMe108連絡機など）については、外側引込式主車輪の機体が見受けられるのだ。内側引込式に比較し格段の構造的なメリットがあるとも考えられず、あるいは主脚引込式の小型航空機が勃興を始めたころの、一つの流行であったとも考えられるのである。

スピットファイア戦闘機の主脚トレッドの狭さは、整地された飛行場や舗装された滑走路では適用できようが、十分に整地されていない最前線基地の滑走路では、トレッドの狭い主車輪による着陸は多くの危険をともなうことに間違いはなかった。とくに本機を艦上戦闘機シーファイアとして運用したときには、つねに横方向の動揺がある狭い飛行甲板への着艦は大きな事故を誘発したのである。

事実シーファイア戦闘機の写真は多く残されているが、スピットファイア戦闘機以上に着陸時（着艦）の事故に関係する写真が多いのも、本機が艦上戦闘機として基本的には不適であったことを証明するものと判断すべきである。しかしシーファイア戦闘機の車輪をより安定した内側引込式に改造することは、現実問題として不可能であり、イギリス海軍は強引に押し通す以外に方法はなかったと判断すべきである。

なおイギリス海軍は艦上戦闘機には多くのアメリカのグラマンＦ６Ｆ戦闘機やＦ４Ｆ戦闘機、そしてヴォートＦ４Ｕ戦闘機を併用した。

第７章　異形のスピットファイア戦闘機

スピットファイア戦闘機には二種類の異形の型式が誕生している。その一つは水上戦闘機型のスピットファイアで、もう一つが練習機型スピットファイアである。

水上機型スピットファイア戦闘機

イギリス空軍は第二次大戦勃発後の戦域の拡大にともない、ノルウェーや地中海戦域の陸上基地を整え難い場所で戦闘機を展開するために、スピットファイア戦闘機を水上戦闘機に改造する計画を立てたのである。この計画の具体化は一九四一年五月に進められ、空軍はスピットファイア5型にフロートを取り付けた戦闘機の開発をヴィッカース・スーパーマリン社に命じたのである。

スーパーマリン社は直ちに作業を開始したが、その案は、スピットファイア5型戦闘機の

水上機型スピットファイア

両主翼下にフロートを取り付けた、双フロート式戦闘機として試作することであった。作業は直ちに開始され、ブラックバーン社で製作されたフロートをスピットファイア5型の両主翼下に、そして縦方向の安定性の保持のために垂直尾翼下の胴体尾端に大型の補助垂直安定板を取り付けたのである。

試作機は一九四二年九月までに完成した。試験飛行の結果は特段の欠点もなかったが、フロートの装備による重量増加や抵抗の増加で、最高速力は時速五一三キロが限界であり、上昇時間も一分間六三〇メートルに低下した。しかしこれはスピットファイア戦闘機を水上戦闘機化した場合の許容範囲の性能低下と判断された。試作機は三機完成し直ちに実戦に投入する予定であった。

実戦の配備先はエジプトのアレキサンドリアであった。一九四三年十月当時、地中海東部のエーゲ海の無人島にドイツ軍が極秘の基地を開設し、ここを

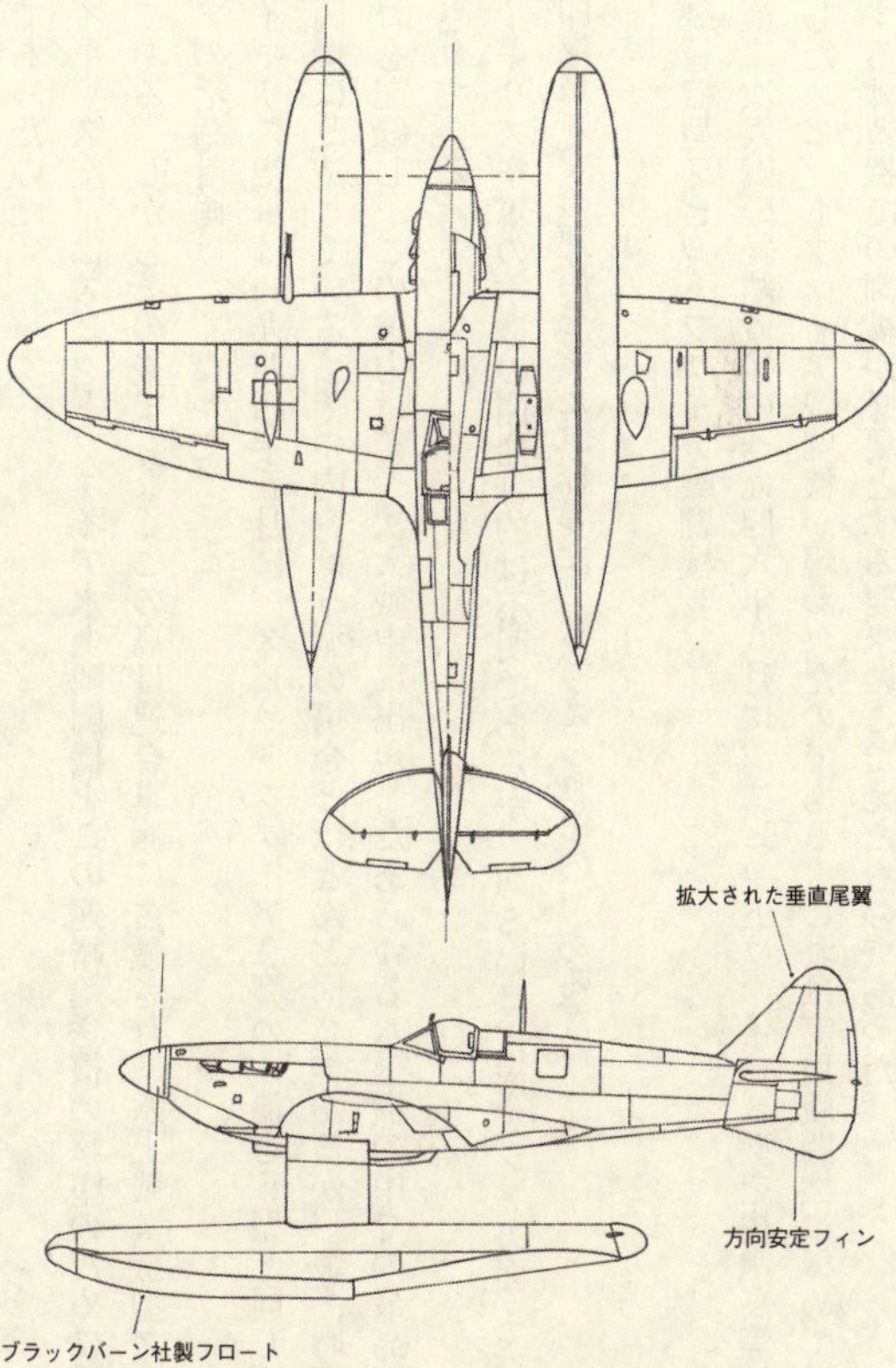

水上機型スピットファイア戦闘機

潜水艦活動の拠点とするとの情報が入った。この拠点との連絡にドイツ軍は輸送機を使う計画であったのだ。

イギリス空軍はスピットファイア水上戦闘機をこの連絡輸送機の撃墜のために派遣したわけである。しかしその後まもなくこの島は連合軍側に占領され、水上戦闘機型スピットファイアの活躍計画はなくなった。

イギリス空軍は一九四四年五月に、スピットファイア9型の一機を5型と同じ要領で水上戦闘機に改造している。その内容は5型の場合とほとんど同じであるが、最高時速は六一三キロを記録し、この速力は第二次大戦中に出現したあらゆる水上機の中での最高速として記録されている。

イギリス空軍の本機の開発目的は不明であるが、あるいは東南アジア方面（英領マレー、蘭印海域）での運用を考え試作したとも考えられるのである。

練習機型スピットファイア戦闘機

第二次大戦の終結直後の一九四六年八月に、スピットファイア8型を複座高等練習機に改造したスピットファイア戦闘機が現われたのである。これは実用戦闘機に極めて近い性能を有する練習機での訓練が必要とする要求にこたえたものであった。

改造の要領は、本来の操縦席を練習生の座席とし、その背後に教官席を設けることにあっ

練習機型スピットファイア

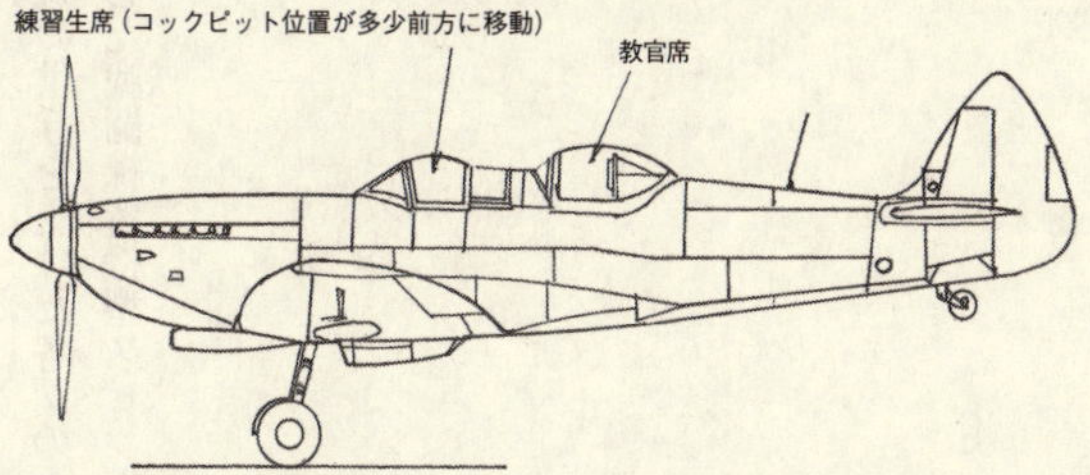

練習機型スピットファイア戦闘機（母体８型）

た。既存の操縦席はエンジン方向に三四センチ移動されたが、操縦席前方に配置されていた燃料タンクの容量が減少するために、主翼内に左右合計一六〇リットル入りの燃料タンクが配置された。そして練習生席の背後に一段高く教官席が設けられたが、そこにはやや大型の雨滴型風防が取り付けられた。

本機は完成し空軍の評価を受けたが、性能的には問題はなかった。だが時代はジェット機の時代に移行しつつあり、空軍は今後の練習機としてはジェット練習機が適合するとして本機のさらなる改造は中止されてしまった。

しかしスピットファイア戦闘機の供与を受けた各国の中にはこの練習機を求める声が多く、その後既存の8型と9型を改造した戦闘練習機型スピットファイア戦闘機が数ヵ国に送り込まれている。

第８章　スピットファイア戦闘機の後継機

スピットファイア戦闘機が誕生したとき、この機体は理想的な制空戦闘機であった。本機が開発された頃、最大出力一〇〇〇馬力級のエンジンは実用機用エンジンとしては最も強馬力のエンジンであった。しかし本機が実戦に投入され敵機との激しい戦闘が繰り返されるにしたがい、その性能向上を求める用兵者の声は事あるごとに強くなり、エンジン出力はそのたびに強化された。開発当初は一〇〇〇馬力であったエンジン出力も最終的には二〇〇〇馬力へと強化されたのだ。

本来が一〇〇〇馬力級エンジンの戦闘機として開発された機体に二〇〇〇馬力のエンジンを搭載して飛び回ることは、たとえ部分的な改良があったとしても機体の強度上限界を通り越していることになるのである。

スピットファイア14型や18型が登場したとき、すでにこの機体の強度は限界に近づいてい

スパイトフル

た。

そして主翼などに強度対策として応急の改良が加えられた20型系列の機体が誕生したとき、もはやスピットファイア戦闘機は悲鳴を上げ、強度的には限界状態にあったのである。

スピットファイア24型を操縦したパイロットの印象では、5型や9型を操縦したときの「駿馬」の感覚のこの機体は、21型以降では単なる「暴れ馬」に変化していたと表現しているのである。

強力なエンジンの回転に振り回される機体を一本の操縦桿と二つのフットバーで制御することは、すでにベテランの操縦士の操縦能力を必要としたのであった。

ここに、より新しく、より高性能のスピットファイア戦闘機を出現させるには、まったく新たな設計基準に基づいて作られた機体が必要となったのである。

ヴィッカース・スーパーマリン社は新型スピットファイア戦闘機の開発を進めることになった。設計陣が最初に進めた作業は新しい構想の主翼を18型の胴体に装備することであった。しかし搭載した最新のエンジンのグリフォン69エンジン（最大出力二三七五馬力）は強力に過ぎたのだ。今度は既存の胴体が悲鳴を上げたのである。

ここに至り設計陣はグリフォン69エンジンを搭載する、まったく新しい機体の設計を開始することになった。一九四四年のことであった。

新しい機体の主翼にはスピットファイア戦闘機の独特の楕円翼の形はなく、二段式直線テーパー翼に変化しており、主翼断面は高速機に適合する層流翼型が採用されていた。また胴体は断面が縦長楕円型で側面積がスピットファイア戦闘機より拡大されていた。そして垂直尾翼も大きな面積のものとなっていた。

一見した姿はスピットファイア戦闘機24型に酷似しているが、そこには多くの直線美が見受けられた。試作一号機は一九四五年四月に完成した。この機体の呼称は「スパイトフル」とされた。

本機の要目は次のとおりである。

全幅　一〇・六五メートル
全長　九・七〇メートル
自重　三三三四キロ

エンジン　　ロールスロイス・グリフォン90（液冷V一二気筒）
最大出力　　二〇五〇馬力
最高時速　　七八〇キロ
実用上昇限度　一万二九〇〇メートル
航続距離　　九〇二キロ（増槽なし）、二二〇〇キロ（増槽付き、最大）

本機は直ちに量産化されることになったが、量産が決定されたときには第二次大戦は終結していた。

当初六五〇機の量産命令が出されたが、その発注量は急減し最終的には一七機が完成しただけで本機の量産は終了、同時にスピットファイア戦闘機の血筋も絶えることになったのである。

量産の中止を決定づけたのは、すでに新しいジェットエンジン搭載の戦闘機の時代が胎動していたからである。イギリス空軍ではグロスター・ミーティアジェット戦闘機やデ・ハビランド・バンパイアジェット戦闘機が実用化し、部隊配備も始まっていたのである。

一方海軍航空隊もシーファイア艦上戦闘機に代わる新しい艦上戦闘機として、このスパイトフルの艦上戦闘機化を進めていた。そしてスパイトフル戦闘機に着艦フックを取り付けた「シーファング」艦上戦闘機を試作したのである。しかし艦上戦闘機としてはすでに空冷エ

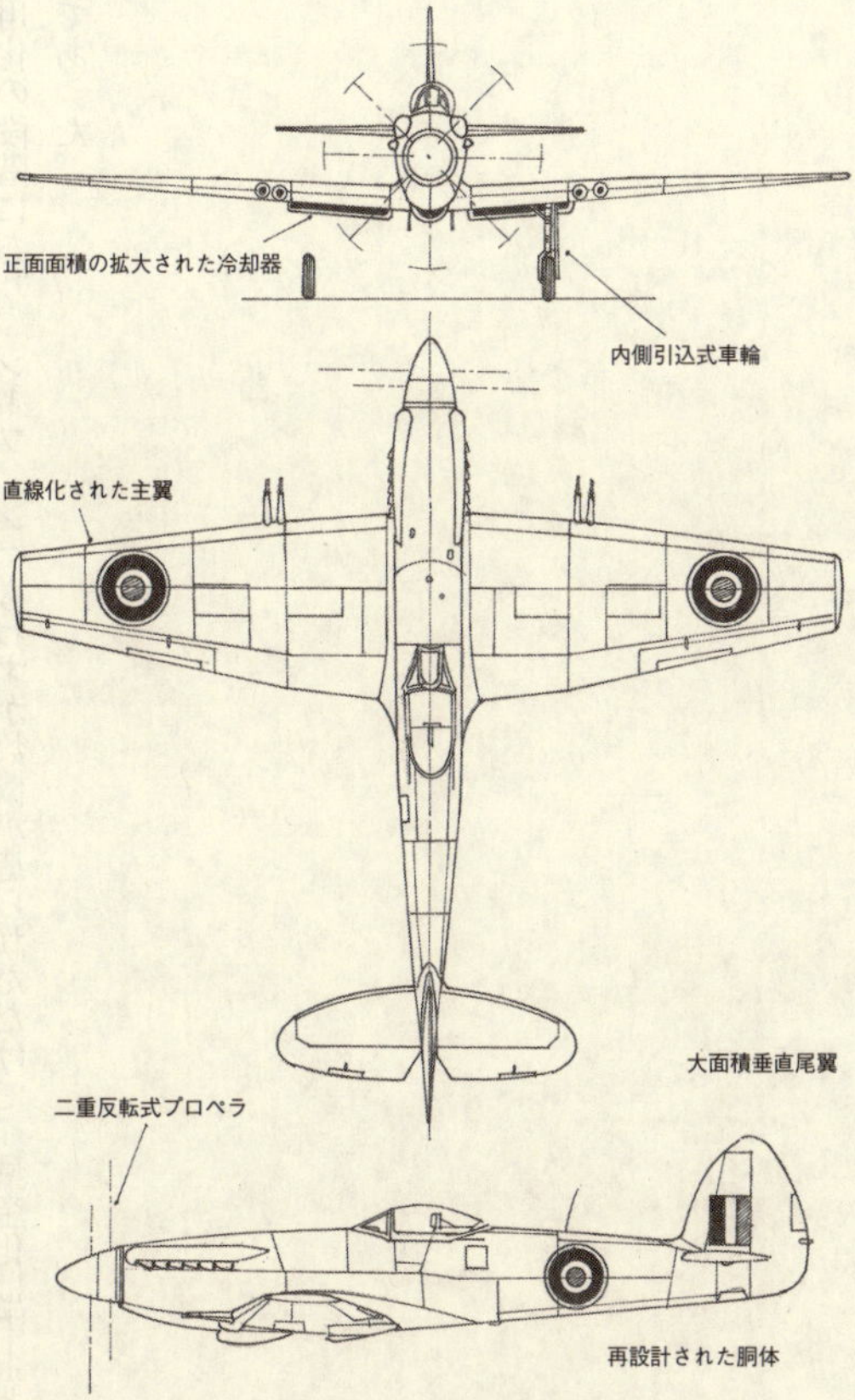

シーファング艦上戦闘機

ンジンを装備し最高時速七〇〇キロ以上も発揮するホーカー・シーフュアリー艦上戦闘機が実用化の段階にあり、シーファングもわずか数機が造られただけで、量産化は中止となったのであった。

第９章　戦場のスピットファイア戦闘機

バトル・オブ・ブリテン

オランダ、ベルギー、フランスをまたたく間に制圧したドイツ軍のつぎの目標はイギリス本土の攻略であった。ここでドイツは本土の攻略計画に先立ち、まずドイツ空軍の強大な航空戦力でイギリスの空軍部隊を殲滅し、しかる後に大挙して陸軍部隊をイギリス本土に上陸させようとしたのだ。

このとき展開されたドイツ空軍とそれに立ち向かうイギリス戦闘機部隊の熾烈な戦いを、イギリス国民は「バトル・オブ・ブリテン（大英帝国の戦い）」と呼んだのであった。バトル・オブ・ブリテンは、激烈な空中戦を制したイギリス空軍戦闘機部隊の勝利で幕を閉じ、ドイツ軍はその後二度とイギリス攻略を展開することはなかったのである。

バトル・オブ・ブリテンがいつから開始されたか、そしていつ終結したかについては諸説がある。一般的には一九四〇年六月末頃から始まり、同年十二月まで続いたとしているが、その中でも最も熾烈な航空戦が続いた七月十日から十月三十一日の間を「バトル・オブ・ブリテン」と称している。

この激戦が展開された期間にイギリス攻撃に出撃したドイツ空軍機の総数は延べ六〇〇〇機とされている。そしてこれを迎撃したイギリス空軍の戦闘機は延べ四〇〇〇機とされている。そしてこの戦いでドイツ空軍が失った戦闘機と爆撃機の総数は一八八七機で、イギリス空軍が失った戦闘機の総数は一〇二三機に達したのだ（これらの数字は戦後に両軍の戦闘記録を照合し確認された数字である）。

ドイツ空軍側にとってはこの損害は甚大であった。撃墜されたドイツ機の搭乗員の総数は三五〇〇名で、そのすべてが戦死かパラシュート降下後のイギリス軍側の捕虜となった。つまりドイツ空軍にとっては航空機の損害とともに貴重な搭乗員多数を失うことになったのである。

一方のイギリス空軍側は、戦闘機搭乗員の損害は機上戦死の約二〇〇名で、他の搭乗員は撃墜されてもパラシュート降下すれば、重傷を負っていなければ基地に帰還でき、補充された戦闘機に搭乗して再び出撃が可能だったのである。事実この戦いでのイギリス空軍の戦闘機パイロットの中には複数回の被撃墜経験者は多数おり、さらにその中には撃墜されても同じ日に再び出撃したという猛者が何名もいるのである。

出撃するスピットファイア

しかしドイツ空軍にとっては、イギリス上空でのパイロットの被撃墜は彼らの戦争の終わりであり、多くのパイロットと機体の補充が必要となったのだ。
ドイツ空軍が絶対の自信とともに開始したイギリス本土攻撃も、当初の計画どおりには戦況が進展せず、予想をはるかに超える戦闘機や爆撃機を失い、その補充も必ずしも順調には進まなかったのである。そして予想外の痛手であったのが多数の搭乗員の損害であった。とくに戦闘機については空戦技術に熟練したパイロットの急速な育成は困難であり、新たに補充される戦闘機パイロットは未熟のまま戦闘に参加し、撃墜され、戦闘の後半になるにしたがい戦闘機の損失は増加する傾向にあったのである。
ドイツ空軍はイギリス本島上陸を前にして、イギリス空軍の戦力を壊滅させる予定で戦端を開いたはずであったが、侮りがたいイギリス空軍の、とくに戦闘機部隊の猛烈な迎撃の前に、早くも前哨戦の段階で敗北の憂き目を味わうことになったのであった。
バトル・オブ・ブリテンに投入されたイギリス戦闘機戦力は、緒戦の六月四日の段階では実働四四六機で、その中の三三一機がハリケーン戦闘機とスピットファイア1型戦闘機であった。そしてスピットファイア1型はわずかに一二〇機程度であったのだ。しかし八月十一日の段階では両戦闘機の実働戦力は六二〇機に急増している。その中のスピットファイア戦闘機は二八〇機に増加したのだ。以後スピットファイア戦闘機は既存の飛行中隊の旧式機と置き換えられ、パイロットが操縦に習熟しだい順次実戦配備され、戦力は増強されていったのである。

イギリス空軍はこの戦いを予期し、実戦用に開発されたばかりのレーダー施設をイギリス島南部の海岸一帯に配置した。そしてロンドンを中心に主にイギリス本島東南部一体に二〇ヵ所以上の戦闘機基地を設けて一ないし三個の戦闘機中隊を配備し、ロンドン周辺に戦闘機作戦司令部を置き、集中管制の下に防空体制を固めたのである。

なお防空戦闘機として配備された機体は、昼間戦闘に対してはホーカー・ハリケーン戦闘機とスピットファイア戦闘機、そして夜間戦闘に対してはブリストル・ブレンハイム軽爆撃機に多数の機銃を装備し夜間戦闘機として配置した。また昼間戦闘機として特殊な武装が施されたボールトン・ポール・デファイアント戦闘機(七・七ミリ機関銃四梃装備の砲塔を複座機の後部に配置した機体。主に爆撃機攻撃用に使われた)が少数配置された。

バトル・オブ・ブリテンの勃発とともにスピットファイア1型戦闘機は急速量産され、旧式戦闘機で編成されていた飛行中隊に配備されるばかりでなく、一部ホーカー・ハリケーン戦闘機仕様の飛行中隊もスピットファイア戦闘機に切り替えられていった。

イギリス南部の戦闘機基地分布図

1:ボスコムタウン
2:ミドルウオロップ
3:ウエストハンプネット
4:タングメーア
5:クロイドン
6:ケンリー
7:レッドヒル
8:ビッギンヒル
9:ウエストモーリング
10:グレーブセント
11:デトリング
12:イーストチャーチ
13:マンストン
14:ホーキンジ
15:リムニー
16:ノーソルト
17:デブデン
18:ノースウイールド
19:スタップルフォード
20:ホーンチャーチ
21:マートルシャムヒース
22:ロックフォート

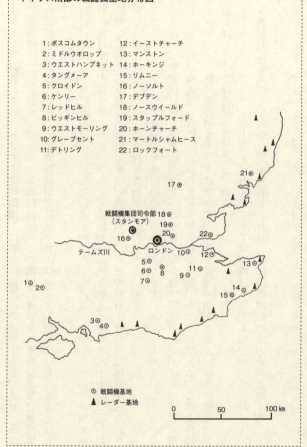

ハリケーン戦闘機とスピットファイア戦闘機では明らかに性能の違いがあり、スピットファイア戦闘機に比較し旧式なハリケーン戦闘機は、この戦闘の途中から爆撃機攻撃に専念する戦法に移り、スピットファイア戦闘機が宿敵メッサーシュミットＭｅ109に対することになった。

この戦いではドイツ戦闘機には決定的な弱点があった。それはメッサーシュミットＭｅ109戦闘機の航続距離の短さであった。フランス基地から海峡を越えイギリス本土上空に現われた同戦闘機はロンドン周辺が航続距離の限界であり、大量の燃料を短時間に消費する空戦を展開する時間は、せいぜい一〇分程度であったのだ。

一方のスピットファイア戦闘機も航続距離の短さはメッサーシュミットＭｅ109とまったく同じであるが、空戦域は味方基地に至近、つまりは「我が庭」であった。パイロットは、撃墜されても生還は可能という余裕ある心理状態で空戦が可能であったのである。この条件は立場が逆のドイツ戦闘機のパイロットにとっての大きな精神的負担となり、空戦の結果に影響をおよぼしたことは間違いなさそうである。

バトル・オブ・ブリテンの主力スピットファイア戦闘機は1型であったが、最終段階で二〇ミリ機関砲装備のごく少数の2型が登場しており、大口径機関砲の威力を再認識することになったのだ。

バトル・オブ・ブリテンでは多くのエースパイロット（敵機を五機以上撃墜したパイロッ

トに与えられる名誉称号）が誕生しているが、スピットファイア戦闘機に搭乗して二〇機以上の撃墜記録を持つパイロットが複数誕生している。

フランス上空の空中戦

バトル・オブ・ブリテンは実質的には一九四〇年末には終結しているが、ドイツ空軍はその後も規模は小さいがイギリス本土に対する航空攻撃を、一九四一年五月ころまで断続的に行なっていた。

一九四一年六月頃から、イギリス空軍の爆撃機によるフランスやオランダ、あるいはベルギーに対する小規模な爆撃作戦が続けられた。攻撃目標はこれらに点在するドイツ軍施設や航空基地である。またフランスやオランダ国内のレジスタンスとの情報交換の中から、ときにはドイツ軍物資を輸送するピンポイントの列車攻撃も実施された。そしてこれら爆撃機の編隊援護のために航続距離の許容範囲内で、ハリケーン戦闘機やスピットファイア戦闘機が援護についた。この場合の出撃単位は戦闘機一二機ないし二四機であった。

さらに制空作戦として同じ規模の戦闘機編隊を出撃させ、フランスの海岸線から一〇〇キロの範囲内までの出撃も行なわれ、ドイツ戦闘機との空中戦が展開されたのだ。

そしてイギリス空軍は戦闘機部隊の充実にともない、フランス内陸上空へのより積極的な制空行動を展開したのだ。この場合も行動範囲はフランス北部海岸からノルマンディー半島海岸の範囲にかけて、海岸線から最大一三〇キロの範囲内に戦闘機を出撃させ、制空行動を展開した。これが増加タンクを使用したスピットファイア戦闘機の行動半径の限界であったのである。

この範囲内のフランスの主な都市としては、アミアン、グランタン、サン・トメール、サン・タンドレ、エブルウ、ボアなどがあった。そしてこれらの地域周辺にはドイツ空軍の戦闘機基地も点在していたのだ。

この制空作戦に出撃したスピットファイア戦闘機は当初は2型、その後は5型が主体となった。そして一九四二年に入ると、オランダからフランスの海岸線に沿った地域に点在するドイツ軍施設に対する、イギリス空軍機による組織だった攻撃が展開されだしたのだ。それは当初は二〇ミリ機関砲四門を機首に装備した、猛烈な銃撃力を持つウエストランド・ホワールウインド双発戦闘機数機による低空奇襲攻撃で、多くの場合五〇〇ポンド爆弾（二二五キロ爆弾）二発を搭載し、超低空でドーバー海峡を横断し目標地域に侵入し、ドイツ軍施設を襲撃する戦法である。この場合、攻撃隊の援護としてスピットファイア戦闘機の小編隊（八ないし一二機）が上空を援護したのだ。

この攻撃方法はノルマンディー上陸作戦が展開されるまで継続されたが、一九四二年後半頃からは新鋭のホーカー・タイフーン戦闘機が、その攻撃力を買われゲリラ攻撃の任務についている。この場合も上空援護の任務はスピットファイア戦闘機であった。

編隊を組むスピットファイア

一九四二年後半頃からはフランス上空の制空作戦も頻繁となり、その出撃機数もしだいに大きくなった。これらの出撃機数は二個中隊単位での出撃が多くなっている。第二次大戦を通じイギリス空軍の戦闘単位は一個中隊（Squadron）が基本単位で、単発戦闘機一個中隊（二個小隊編成）の定数は二四機となっていた。そして制空行動などの場合には、原則として一個中隊から半数（一個小隊）である一二機が出撃することを常としていた。

したがって出撃は二個中隊の二四機出撃の場合が多くなっていたのである。そしてときには一度に四個または六個中隊単位の大規模出撃（四八機または七二機）も稀ではなかったのだ。

そうすると、迎えるドイツ空軍側も数ヵ所の基地から数十機の戦闘機が出撃し、フランス上空での大規模空中戦が展開されたのである。

イギリス空軍はこの戦闘機のみによる制空作戦を「Sweep」と称し、少数機による低空攻撃作戦を「Rhubarb」と称した。和訳すれば「Sweep」は「掃討作戦」と言い換えられ、「Rhubarb」は「薬味」とでも言い換えられる用語である。

この空中戦に一九四一年からは新鋭のメッサーシュミットMe109Fが加わり、一九四二年からは同じく新鋭のフォッケウルフFw190Aが参戦し、イギリス空軍側もこれに対抗して新鋭のスピットファイア5型や9型で応じたのであった。

一九四三年に入る頃からは、アメリカ陸軍航空隊のマーチンB26やダグラスA20、あるいはノースアメリカンB25爆撃機による、フランス国内のドイツ軍関連施設に対する爆撃が開始された。これら爆撃行動の上空援護にもアメリカ陸軍航空隊の戦闘機部隊とともに、スピットファイア戦闘機の援護活動が展開された。そして同年半ば頃からはドイツ国内に対する、ボーイングB17やコンソリデーテッドB24重爆撃機による大規模な昼間爆撃が開始された。

スピットファイア戦闘機にはこの重爆撃機の爆撃行動の全行程を援護するだけの航続距離がないために、スピットファイア戦闘機中隊は、大挙してこれら大編隊の「見送り援護」と「出迎え援護」を行なった。つまりスピットファイア戦闘機の行動半径の限界までこれら重爆撃機の編隊の援護を行ない、同編隊が帰還する時刻に再び出撃して帰還行程を援護する任務である。援護限界以遠の援護はアメリカ陸軍航空隊の長距離戦闘機のロッキードP38などに任せるのである(一九四四年初め頃からは長距離戦闘機のノースアメリカンP51戦闘機が重爆撃機の全行程の援護につくようになった)。

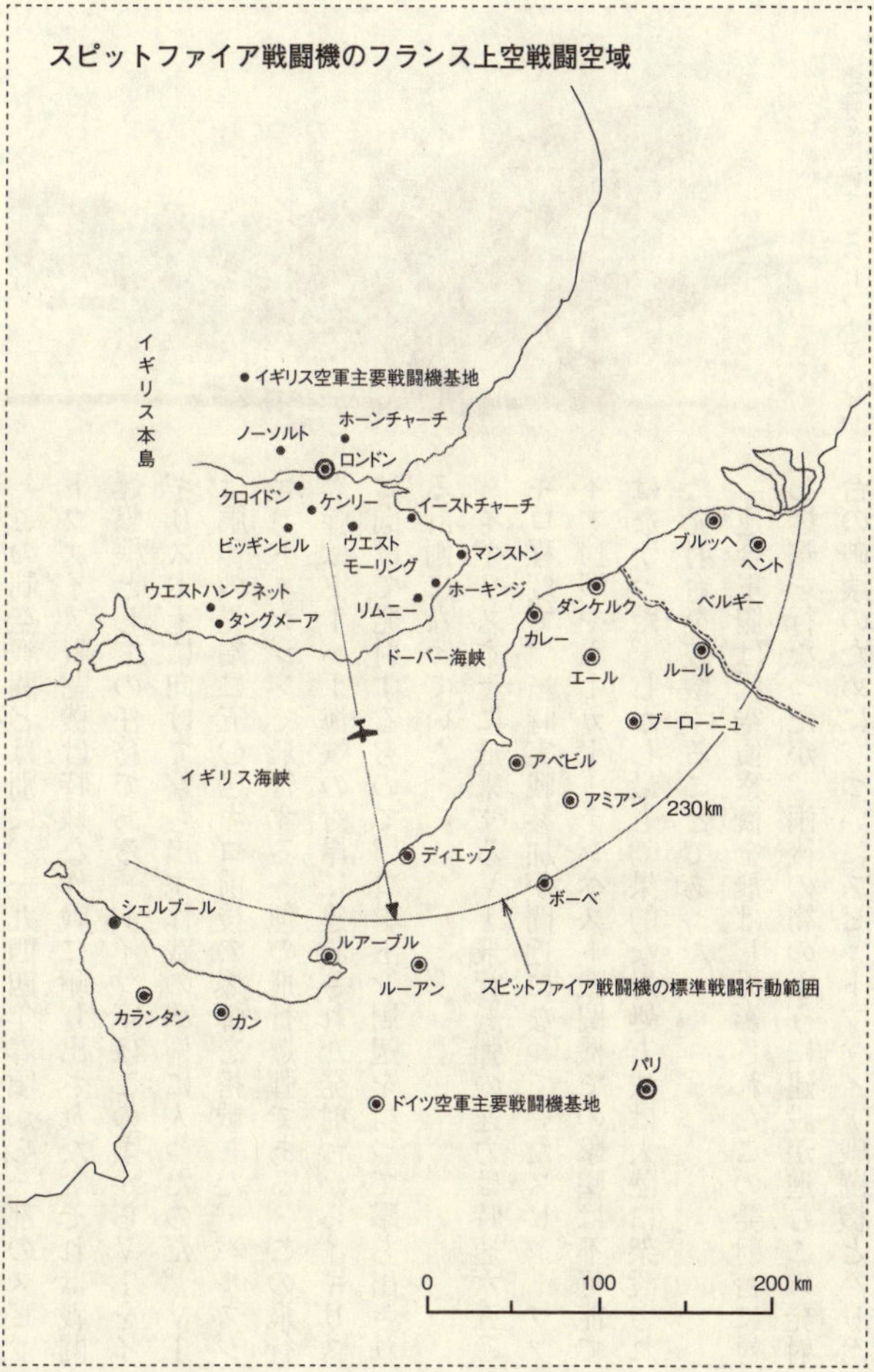
スピットファイア戦闘機のフランス上空戦闘空域
イギリス本島
イギリス空軍主要戦闘機基地
ホーンチャーチ
ノーソルト
ロンドン
クロイドン
ケンリー
イーストチャーチ
ビッギンヒル
ウエスト
モーリング
マンストン
ウエストハンプネット
ホーキンジ
タングメーア
リムニー
ダンケルク
ブルッヘ
ヘント
ベルギー
カレー
ドーバー海峡
エール
ルール
ブーローニュ
アベビル
イギリス海峡
アミアン
230km
ディエップ
ボーベ
シェルブール
ルアーブル
ルーアン
スピットファイア戦闘機の標準戦闘行動範囲
カランタン
カン
パリ
ドイツ空軍主要戦闘機基地
0
100
200 km

爆弾を装備するスピットファイア

この制空戦闘とは別に、一九四四年春頃から一部のスピットファイア戦闘機は特殊な作戦に駆り出された。それは戦闘爆撃機としての任務である。ドイツ軍はこの頃からV1をイギリス本土に向けて撃ち出す作戦の準備に入ったのだ。V1は胴体の先端に五〇〇キロ前後の爆弾を搭載した、パルスジェットエンジンで飛行する一種の飛行爆弾である。この飛行爆弾はドーバー海峡の対岸に建設された発射台からイギリスに向けて発射するもので、ロンドン周辺を狙って撃ち出される計画になっていた。

イギリス本土に飛来するV1飛行爆弾の速力は時速六五〇キロ程度で、当時実戦参加が間近になっていたスピットファイア14型やホーカー・テンペスト戦闘機での撃墜は不可能ではなかった。しかし最も効果的な対処方法は大陸に架設された発射台を破壊することであった。

連合軍側は低空偵察機を飛ばし撮影されたこの発射台に対し爆撃を行なったが、雨後の筍のように建設が進むこの発射台の破壊のために、ついにスピットファイア戦闘機とハリケーン戦闘機も駆り出されることになったのである。つまり両戦闘機の胴体下に五〇〇ポンド爆弾一発を搭載し、目標上空で急降下爆撃を展開するのである。事実、数個飛行中隊のスピットファイア戦闘機が、ハリケーン戦闘機中隊とともにこの特異な急降下爆撃に駆り出されたのであった。

しかし間もなくノルマンディー上陸作戦が始まり、連合軍の大陸への侵攻でドイツ側のV1作戦も消滅することになり、スピットファイア急降下爆撃機の作戦も立ち消えとなったのであった。

地中海・アフリカ戦線

スピットファイア戦闘機は地中海戦線でもアフリカ戦線でも、ドイツとイタリア空軍の戦闘機と対峙し、そしてドイツ・イタリア両軍の爆撃機群と激闘を展開した。

ドイツ陸軍が北アフリカのリビアのトリポリに上陸したのは、一九四一年二月のことであった。以来一九四三年五月までの二年三ヵ月の間、ドイツ・イタリア軍はアフリカの地中海沿岸を東に進撃し、リビアからエジプトへの侵攻を開始したのである。この侵攻作戦はドイツ機甲師団が主力となり、それをドイツ空軍とイタリア空軍の戦闘機と爆撃機が支援したのである。

この猛攻に対しイギリス軍は装備の劣る機甲部隊と弱小な空軍戦力で対抗したが、補給の不備とともに航空戦力の低下からエジプト国境まで攻め込まれたのであった。

このときイギリス空軍のアフリカ戦線の戦力は、一握りのハリケーン戦闘機と、旧式化したブリストル・ブレニム軽爆撃機のみであった。その後アメリカ陸軍航空隊がカーチスP40戦闘機を投入して補強され、航空戦力の均衡をかろうじて保ったのである。

一方ドイツ軍は、イタリアから地中海を横断して船で運び込まれる補給物資の輸送に、難問を抱えていたのであった。

イタリア半島南端の西部に位置するシシリー島の南約一〇〇キロにイギリス領のマルタ島がある。イギリス空軍は第二次大戦の勃発直後からこの地に航空基地を築き、戦闘機と軽爆撃機などを配置していた。その後イタリアが枢軸軍側として参戦すると、マルタ島は地中海におけるイギリス空軍・海軍の最重要拠点として位置づけられた。

一方アフリカのリビアの地に拠点を設けたドイツ・イタリア軍はアフリカ大陸北岸沿いに東進し、イギリス領のエジプトに攻め込む勢いであった。この攻勢に際し独伊軍側はイタリアから輸送船でリビアの地まで、戦闘物資や兵力の輸送を行なわなければならなかったのだ。

一方のイギリス軍側はマルタ島がこの補給物資輸送船団の攻撃には絶好の位置として、航空戦力をマルタ島に結集する計画であった。そしてドイツ・イタリア軍はこれを阻止するためにマルタ島攻略を狙ったのである。

一九四一年初頭から、イタリア領土のシシリー島にはドイツおよびイタリア空軍の戦闘機や爆撃機が集結し、南方一〇〇キロの位置にあるマルタ島の爆撃が開始されたのだ。この間、マルタ島に向かうイギリスの補給船団は、つぎつぎとイタリア・ドイツ空軍の爆撃機の攻撃で撃破され、その存続も風前の灯となったのだ。

マルタ島駐留のわずかなイギリス空軍戦闘機は、連日の空中戦で防衛に努めたが、航空戦力もしだいに尽きかけてきた。この事態を打開するために、イギリス空軍は航空母艦に多数のスピットファイア戦闘機を搭載し、マルタ島に運び込むことになった。

最初のスピットファイア戦闘機がマルタ島に送り込まれたのは一九四二年三月で、このときは空母イーグルに搭載されたスピットファイア5型一五機であった。その後、十月までに四隻の航空母艦が二回にわたり合計三六六機のスピットファイア5型をマルタ島に送り込んだのである。この数字は、つまり三月から十月までの七ヵ月間で、マルタ島基地のスピットファイア戦闘機は約三〇〇機が損害を受けたことになるのである。スピットファイア戦闘機5型を代表する激烈な航空戦がマルタ島上空で展開されたことになったのだ。

マルタ島に派遣されたスピットファイア戦闘機中隊は四個中隊（定数九六機）で、この四個中隊のスピットファイア戦闘機がマルタ島を守り抜いたのであるが、その戦闘状況は激烈であった。とくに五月十日には、ドイツ・イタリア軍の戦闘機と爆撃機数百機が九回にわたり飛来し、スピットファイア戦闘機のパイロットは一日に五回から九回の出撃を余儀なくされたのであった。この日のイギリス空軍の戦果は、撃墜確実四二機、撃破二一機、被撃墜六

マッキMC202

機（そのうちパイロット四名は生還）という記録的戦果となっている。

この類いまれな航空戦の結果、マルタ島派遣飛行中隊のパイロットには二〇機以上撃墜の猛者級エースが多く輩出されることになった。

この戦いが続く中、イギリス空軍はジブラルタル経由でウエリントン爆撃機やブリストル・ボーファイター戦闘攻撃機をマルタ島に送り込み、イタリアからアフリカ戦線に送り込まれる補給船団の攻撃を展開したのだ。また戦闘機戦力の充実にともない、イタリアから北アフリカへ向かう輸送機の編隊に対する洋上攻撃も、マルタ島基地の戦闘機で決行されたのである。

北アフリカ戦線のドイツ・イタリア軍の最終段階にあった一九四三年四月十八日、ドイツ軍はシシリー島からリビアのベンガジに向けて、補給物資を搭載した五〇機のユンカースJu52輸送機の大編隊を送り込んだ。

しかしこの編隊は途中でマルタ島から出撃したスピットファイア戦闘機5型と、増援でマルタ島に派遣されていたアメリカ陸軍

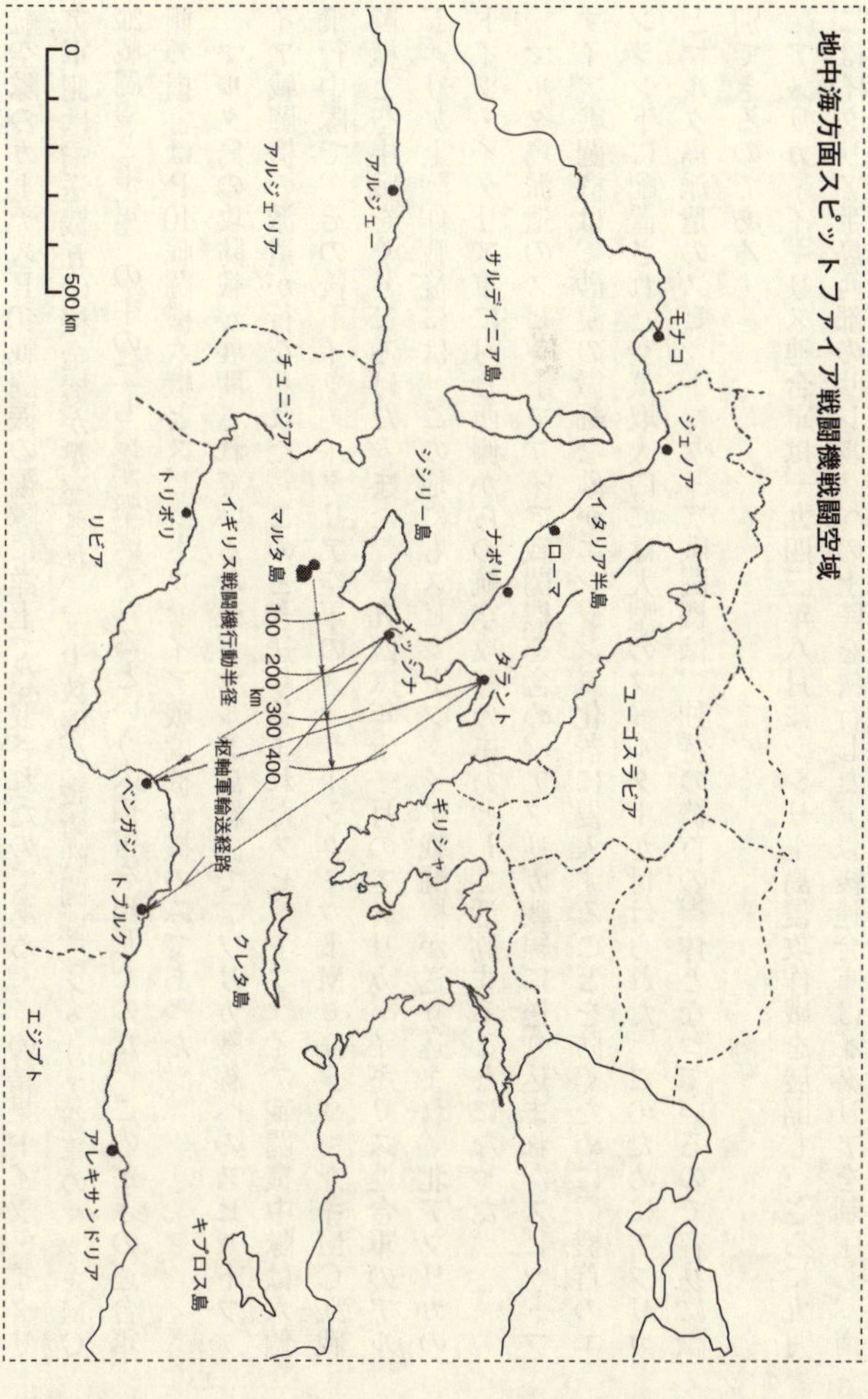
地中海方面スピットファイア戦闘機戦闘空域
モナコ
ジェノア
イタリア半島
ローマ
ナポリ
タラント
メッシナ
ユーゴスラビア
ギリシャ
クレタ島
キプロス島
サルディニア島
シシリー島
マルタ島
イギリス戦闘機行動半径
100 200 300 400
km
枢軸軍輸送経路
アルジェー
アルジェリア
チュニジア
トリポリ
リビア
ベンガジ
トブルク
エジプト
アレキサンドリア
0
500 km

航空隊のカーチスP40戦闘機の編隊に洋上で急襲されたのである。その結果ドイツ・イタリア軍側は輸送機五〇機全機が撃墜され、三十数機の護衛戦闘機（イタリア空軍のマッキMC202戦闘機と推定）の中の二七機が撃墜されるという大損害を出したのだ。このときの連合軍側の損害はP40戦闘機六機とスピットファイア戦闘機一機のみであった。

マルタ島の攻防戦が展開されているなか、マルタ島経由でアフリカ戦線へのスピットファイア戦闘機の派遣が行なわれた。このとき送り込まれたスピットファイア戦闘機中隊は六個飛行中隊で、その後ドイツ・イタリア空軍のメッサーシュミットMe109FやマッキMC202戦闘機と空中戦をくりひろげた。また、一九四二年十一月のアメリカ・イギリス連合軍のアルジェリア上陸作戦後には、この地にもスピットファイア戦闘機が送り込まれ、北アフリカのドイツ・イタリア軍に対し西側からの航空攻勢の主力として活動することになった。

マルタ島派遣のスピットファイア戦闘機を含め、アフリカ戦線に送り込まれたスピットファイア戦闘機は、砂漠の微細な砂がエンジン気化器に侵入することを防ぐために、機首のエンジン下に配置された空気取入口には大型のフィルターが付けられた。このためにアフリカとマルタ島派遣のスピットファイア戦闘機は、独特の機首の機体となっているので容易に識別できるのである。

アメリカ・イギリス連合軍は一九四三年八月にシシリー島侵攻作戦を展開し、さらに九月にはイタリア半島西部のサレルノへの上陸を決行した。以後連合軍はイタリアを制圧し、南からドイツ国内への侵攻を進めたのであった。この両作戦以後、イタリア戦線には多くのスピットファイア戦闘機編成の飛行中隊が進出したが、ここで送り込まれた機体はスピットファイア８型が主で、一部９型が送り込まれたのであった。

ただイタリアはすでに降伏しており、航空戦は主にイタリア北部に駐留するドイツ空軍戦闘機との航空戦であったが、その戦力は大きくはなく、大規模な空中戦が展開されることはなく、スピットファイア戦闘機は主に地上攻撃を展開することになったのである。

アジア・太平洋戦域

アジア・太平洋戦域で初めてスピットファイア戦闘機が実戦に登場したのは一九四三年(昭和十八年)二月のことで、オーストラリア大陸の北西端のポートダーウィン上空であった。一九四三年二月六日、チモール島のクーパン基地を出撃した日本陸軍の百式司令部偵察機が、ポートダーウィン郊外の基地に配備されていたスピットファイア戦闘機５型の迎撃を受け撃墜された。

その後、同じくチモール島の基地から出撃した陸軍の一式戦闘機「隼」、さらに海軍の零式艦上戦闘機に護衛された百式重爆撃機「呑龍」や一式陸上攻撃機による、合計六度にわたるポートダーウィン爆撃が展開された。この間に日本側は戦闘機と爆撃機二〇機前後を失ったが、スピットファイア戦闘機の損失は三八機に達した。この損害はイギリス・オーストラ

百式重爆撃機「呑龍」

リア空軍の派遣飛行中隊のすべてのパイロットにとっては想定外であったのだ。

ポートダーウィン防衛に派遣されたイギリス空軍飛行中隊（多くのパイロットはオーストラリア人）の多くのパイロットは、すでに欧州戦線で幾度ものドイツ機との空中戦を経験してきたベテランであった。彼らはドイツ機とのドッグファイトで十分な経験を得ていて、日本の戦闘機など「何するものぞ」と自負していたのだ。しかし実際には日本側のパイロットたちもすでに幾度もの空戦を経てきたベテランであり、空戦性能の優れた日本機を操る彼らの前に、スピットファイア戦闘機側は完全に抑え込まれたのであった。

この間の日本機の損害は三〇機であったが、その大半は爆撃機であり、スピットファイア戦闘機との空中戦で撃墜された日本側戦闘機は一〇機程度であった。この間の空中戦の実際例を、戦後の双方の損害比較で示すと次のようになっていたのだ。

一九四三年五月二日
日本側戦力　　零式艦上戦闘機　　三〇機

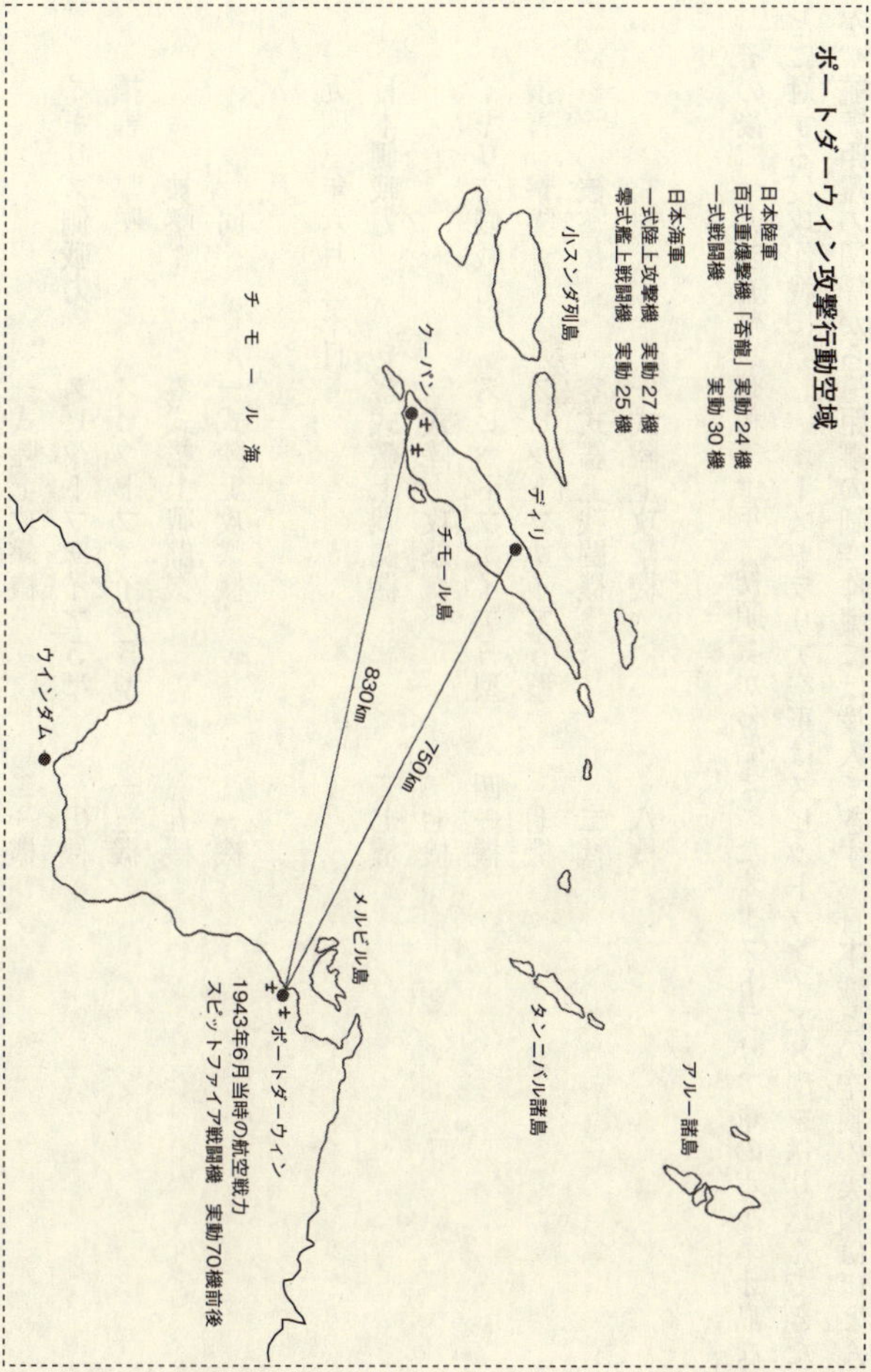
ポートダーウィン攻撃行動空域
日本陸軍
百式重爆撃機「呑龍」 実動24機
一式戦闘機 実動30機
日本海軍
一式陸上攻撃機 実動27機
零式艦上戦闘機 実動25機
小スンダ列島
クーパン
ディリ
チモール島
チモール海
830km
750km
ウインダム
メルビル島
タンニバル諸島
アルー諸島
ポートダーウィン
1943年6月当時の航空戦力
スピットファイア戦闘機 実動70機前後

イギリス側戦力	一式陸上攻撃機	二一機
	スピットファイア5型	三〇機
損害　撃墜	スピットファイア5型	一三機
被墜	零式艦上戦闘機	五機
同	一式陸上攻撃機	一機

一九四三年六月三十日

日本側戦力	零式艦上戦闘機	二七機
	一式陸上攻撃機	二七機
イギリス側戦力	スピットファイア5型	四一機
損害　撃墜	スピットファイア5型	七機
被墜	零式艦上戦闘機	二機
同	一式陸上攻撃機	八機

その後、一九四五年（昭和二十年）初頭頃から始まったオーストラリア軍のボルネオ島などに対する侵攻作戦に際し、オーストラリア空軍はスピットファイア8型を送り込んできたが、航続距離の関係から遠距離の制空作戦には投入できず、日本機との空戦の実績はほとん

どなく、侵攻地域に対する地上攻撃に終始し、戦争終結とともにオーストラリアに帰還している。

一方ビルマ方面の戦場にスピットファイア戦闘機が現われたのは、イギリス空軍戦闘機中隊の基地配備の記録によると一九四三年九月である。太平洋戦争勃発当時からインドやビルマ方面に配備されていたイギリス空軍の戦闘機中隊の使用機体は、ホーカー・ハリケーン戦闘機であり、一九四三年五月頃にこれらの機体がスピットファイア5型に交換され、さらに新たにスピットファイア8型を装備した戦闘機中隊がイギリス本土から遠路派遣され配置についたのである。そして既存の5型も逐次8型に交換されている。

木箱で輸送される分解されたスピットファイア

（注）スピットファイア8型戦闘機の移送は、機体を主翼と胴体に一旦分解し木枠で梱包したうえで、輸送船でインドのボンベイやカルカッタに送り、

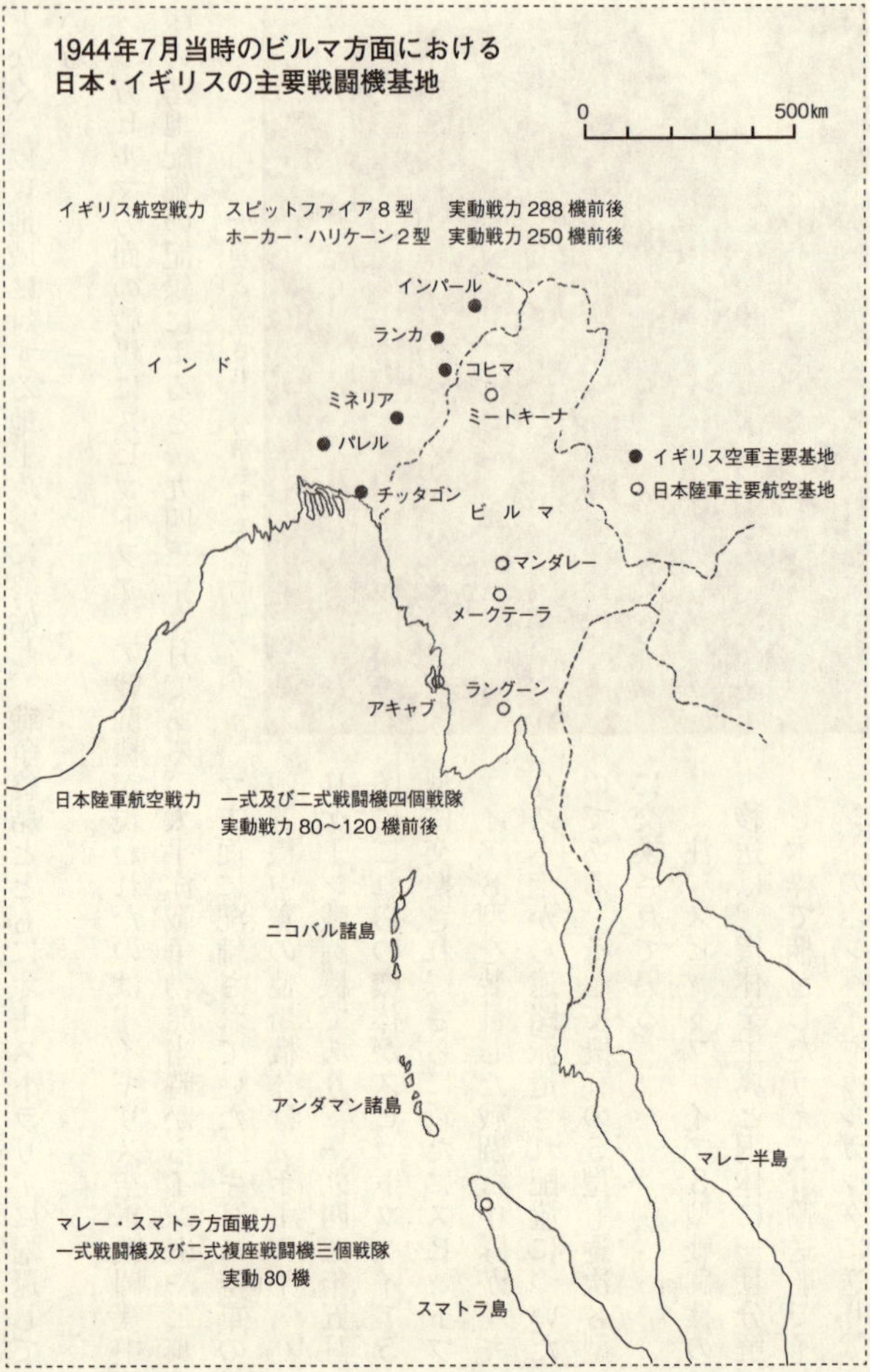
1944年7月当時のビルマ方面における
日本・イギリスの主要戦闘機基地
0
500km
イギリス航空戦力　スピットファイア８型　実動戦力288機前後
ホーカー・ハリケーン２型　実動戦力250機前後
インパール
ランカ
イ　ン　ド
コヒマ
ミネリア
ミートキーナ
パレル
イギリス空軍主要基地
日本陸軍主要航空基地
チッタゴン
ビ　ル　マ
マンダレー
メークテーラ
ラングーン
アキャブ
日本陸軍航空戦力　一式及び二式戦闘機四個戦隊
実動戦力80～120機前後
ニコバル諸島
アンダマン諸島
マレー半島
マレー・スマトラ方面戦力
一式戦闘機及び二式複座戦闘機三個戦隊
実動80機
スマトラ島

鉄道やトラックで基地まで運び込まれ、組み立てられたのである。

この頃ビルマ戦域に配置されていた日本の航空戦力は、双発戦闘機（二式複座戦闘機「屠龍」）装備の飛行戦隊一個と単発戦闘機（一式戦闘機「隼」、後に一部四式戦闘機「疾風」）装備の飛行戦隊二個で、その戦力は定数一三二機であったが、実質は常時半数以下であった。一式戦闘機（「隼」二型）は最高速力においてスピットファイア戦闘機より時速一〇〇キロも遅く、四式戦闘機「疾風」もエンジンの不調などから所期の性能は発揮できず、スピットファイア8型戦闘機との戦闘には苦戦を強いられた。

一九四四年初頭から日本陸軍が展開したインパール作戦では、コヒマ方面に侵攻した日本軍に対し、スピットファイア8型戦闘機による激しい機銃掃射と爆撃が繰り返されたのであった。

その後日本軍のビルマからの撤退にともない、スピットファイア8型で装備されたイギリス空軍はビルマに進出し、終戦の時点までマレー半島やスマトラ島に拠点を残す組織だった航空戦力を失った日本軍に対し、激しい地上攻撃を繰り返したのであった。

ノルマンディー上陸後のヨーロッパ戦線

一九四四年六月のノルマンディー上陸作戦後、西部ヨーロッパ戦線におけるイギリス空軍の戦力配備には大きな変化があった。ノルマンディー上陸作戦決行前のイギリス空軍の主要戦力は、イギリス国内基地を拠点にドイツ本土爆撃を展開する爆撃航空団と、フランスやオランダ上空の制空戦闘と本土防空を展開する戦闘機航空団で編成されていた（他に艦船攻撃と哨戒を任務とする沿岸警備航空団がある）。

しかし上陸作戦後はとくに戦闘機の作戦行動では、組織的にまた作戦遂行上に様々な不都合が生じるので、ノルマンディー上陸作戦後は戦闘機航空団に関して大きな組織編成の変更を行なったのである。

新たな組織の呼称は「第二戦術空軍」となった。これは戦闘機航空団を主体に一部に軽爆撃機中隊や大隊を加え、上陸後のヨーロッパの各地での航空作戦（制空と局地攻撃）が効率よく展開できる組織としたのである。この第二戦術航空軍は次の三個飛行師団で構成されることになった。

第83飛行師団

制空戦闘機連隊　スピットファイア戦闘機　一二個中隊（計二八八機）

ノースアメリカンP51戦闘機　三個中隊（計七二機）

戦闘爆撃機連隊　ホーカー・タイフーン戦闘機　一〇個中隊（計二四〇機）

合計　戦闘機および戦闘爆撃機　二五個中隊（計六〇〇機）

第84飛行師団
制空戦闘機連隊　スピットファイア戦闘機　一五個中隊（計三六〇機）
戦闘爆撃機連隊　ノースアメリカンP51戦闘機　三個中隊（計七二機）
　　　　　　　　ホーカー・タイフーン戦闘機　六個中隊（計一四四機）
　　　　　　　　合計　戦闘機および戦闘爆撃機　二四個中隊（計五七六機）

第85飛行師団
制空戦闘機連隊　スピットファイア戦闘機　四個中隊（計九六機）
戦闘爆撃機連隊　ホーカー・タイフーン戦闘機　二個中隊（計四八機）
軽爆撃機連隊　デ・ハビランド・モスキート爆撃機　六個中隊（計一四四機）
　　　　　　　合計　戦闘機および爆撃機　一二個中隊（計二八八機）
　　　　　総計　六一個中隊（計一四六四機）

第二戦術空軍のスピットファイア戦闘機の総戦力は三一個中隊、七四四機となった。そしてこれ以外にイギリス本土防空戦力として、昼間戦闘機としてスピットファイア戦闘機と新鋭のホーカー・テンペスト戦闘機。夜間戦闘機にはレーダー装備のデ・ハビランド・モスキート四〇〇機以上が、イギリス本国内に配備されていたのである。

第二戦術空軍の航空戦力は、上陸直後から上陸地点を中心につぎつぎと簡易基地を建設し、戦闘機や戦闘爆撃機を配備する計画になっていた。そして同時に第二戦術空軍総司令部基地と各飛行師団の司令部を上陸地点周辺に設置し、地上部隊と緊密な連絡をとりながら以後の戦闘行動作戦を展開することになったのである。

戦闘機部隊は同じく送り込まれた偵察機中隊の報告に基づき、制空行動への出撃を展開し、戦闘爆撃機部隊は、第二戦術航空軍司令部に送り込まれる情報に従い、各飛行師団に出撃命令を下し、適宜敵戦車部隊や地上軍、あるいは敵航空基地戦力の破壊に即時の対応を可能にしたのであった。この場合、タイフーン戦闘爆撃機はロケット弾を搭載し、二〇ミリ機関砲の銃撃とともにロケット弾攻撃を展開し、ドイツ戦闘機出撃の情報に対しては直ちに最寄りの戦闘機中隊への出撃命令が出されたのである。

この方式により、とくにスピットファイア戦闘機の搭乗員は、それまでのイギリス基地からの出撃とは違い、航続距離を心配することなく戦闘行動がとれるようになったのである。なお戦闘爆撃機ホーカー・タイフーンの近接・即時出撃は、ドイツ地上軍の戦車部隊にとっては最大の脅威となったのだ。搭載するロケット弾は最強とされたタイガー戦車も一撃で撃破する威力があり、いつどこから現われるかわからないこの強力な攻撃機は、ドイツ機甲師団の最大の恐怖となったのであった。

一方スピットファイア戦闘機は自由な制空行動が展開されるなかで、ドイツ戦闘機に対する撃墜戦果もしだいに増加したのである。

ホーカー・タイフーン1B、ホーカー・テンペスト6

ノルマンディー上陸作戦当時のフランス戦域でのスピットファイア戦闘機の主力は9型であったが、一九四四年九月以降はドイツ空軍が繰り出した最新鋭高性能のフォッケウルフFw190Dに対し、一部飛行中隊に14型が配備されるようになった。さらに一九四五年一月からは、高速のホーカー・テンペスト戦闘機のオランダ基地への配置も始

基地に待機するスピットファイア

まった。このとき第二戦術空軍に配備されたテンペスト戦闘機は四個飛行中隊（合計定数九六機）であった。

ノルマンディー上陸作戦後のヨーロッパ西部戦線上空での空中戦は、ときには大規模な戦闘が展開していたが、連合軍の進撃とともにその機会はしだいに減少気味となった。その原因はドイツ国内の戦闘機工場に対する昼夜を分かたぬ激しい爆撃、そして搭乗員のおびただしい消耗にあった。ベテラン搭乗員は少なくなり、多くは訓練不足の未熟搭乗員に代わり、撃墜される割合が多くなり、総合的にドイツ戦闘機部隊の戦力低下は日を追って進んでいったのだ。

このためにスピットファイア戦闘機の任務は制空行動からしだいに地上攻撃（主に銃撃）の機会が多くなっていたのだ。そして一九四四年九月以降、新たに16型が現われ、9型と交換され実戦部隊に投入されるようになったが、16型の性能は9型と変わるところはなく爆弾を搭載して地上攻撃に多用された。

この間に14型によるドイツ空軍のジェット戦闘機メッサー

シュミットMe262の撃墜記録も生まれたが、これは対等な空中戦での戦果ではなく、同ジェット戦闘機が基地に着陸する機会をとらえ急降下して銃撃し撃墜したものである。

なおレシプロ戦闘機がジェット戦闘機との空中戦でジェット戦闘機を撃墜した記録は、このときから七年後の一九五二年に、イギリス海軍のレシプロ艦上戦闘機ホーカー・シーフュアリーが、中国義勇空軍のジェット戦闘機MiG15戦闘機を空中戦の末に撃墜したのが最初の記録である。その後同じ時期に、アメリカ海軍の艦上戦闘機ヴォートF4Uコルセアが、同じくMiG15戦闘機を空中戦で撃墜している。

第二次大戦のイギリス空軍の航空戦の主体は、前半はホーカー・ハリケーン戦闘機とスピットファイア戦闘機の共用の中で展開されたが、後半以降はスピットファイア戦闘機の独壇場であったともいえるのである。

艦上戦闘機シーファイアの戦い

艦上戦闘機型のシーファイア戦闘機は、基本的にはスピットファイア5型を艦上機として一部に改造を加えた機体であり、これらはシーファイア1および2型と称された。そして最初のシーファイア戦闘機（1型）が航空母艦フユーリアスに搭載されたのは、一九四二年六月であった。

この機体の主翼はまだ折り畳み構造がないために飛行甲板上での取り扱いが難しく、またエレベーターの寸法上飛行甲板下の格納庫に収容することも困難であった。そのためにこの頃は、短期間ではあったがシーファイア戦闘機の飛行甲板上での収容方法には独特な手法が採られた。それは飛行甲板の後部両側に機体の尾輪がスライドできる張り出し式ガイドレールを設け、シーファイア戦闘機は尾輪をこのガイドレールに載せ、機体の後半部が飛行甲板外に押し出され、他機の着艦も容易なように飛行甲板の有効利用に備えたのであった。

一九四二年十一月に展開されたアメリカ・イギリス連合軍による北アフリカ上陸作戦（トーチ作戦）に際しては、イギリス海軍は大型空母三隻、旧式大型空母一隻、護衛空母三隻を投入したが、このとき搭載された艦上戦闘機がシーファイア戦闘機で、本機の初めて大規模な実戦参加となり、上陸地点上空の制空任務にあたったのである。このとき使われたシーファイア戦闘機は2型であった。

その後主翼に折り畳み機能が備えられた3型が完成すると、1型と2型は急速に3型に機種変更されていったのである。

この作戦に次ぐシーファイア艦上戦闘機の大規模な実戦投入は、一九四三年七月にアメリカ・イギリス連合軍によるイタリアのシシリー島への上陸作戦で、さらに続くイタリア半島の西部サレルノ上陸作戦であった。このときはシーファイア艦上戦闘機は上陸地点の地上銃撃と上空援護を任務としたのである。

サレルノ上陸作戦ではイギリス海軍の大型空母二隻、中型空母一隻、護衛空母五隻が投入

飛行甲板上のシーファイア

された。このとき五隻の護衛空母にはシーファイア戦闘機3型が合計八三機搭載されていた。しかしここでシーファイア戦闘機は大きな試練を受けることになったのだ。作戦期間中の海上は荒天が続き、小型の護衛空母で、ただでさえ着艦の難しいシーファイア戦闘機を扱うことは困難を極めたのだ。この作戦期間中に実に六三機のシーファイア戦闘機が失われたが、そのほとんどが着艦時の事故で、作戦終了時に護衛空母部隊に残されたシーファイア戦闘機はわずか二三機に過ぎなかったのである。

その後、一九四四年四月、七月、八月に、ノルウェーのアルテンフィヨルド内に在泊するドイツ海軍最大の戦艦ティルピッツに対する、イギリス海軍の空母航空戦力による攻撃が展開された。

これらの攻撃にはイギリス海軍の大型空母延べ八隻と護衛空母延べ六隻が参加した。しかしこのときの艦上戦闘機にはグラマンF4FとF6Fが搭載され、シーファイア戦闘機の出撃の機会はなかった。

アジアの戦域では、一九四四年（昭和十九年）四月になると、イギリス海軍の大型空母イラストリアスが、アメリカ海軍の大型空母サラトガと組みベンガル湾に現われた。この機動部隊の目的はスマトラ島北部の日本軍拠点サバンの攻撃と、その北部に点在するアンダマン諸島やニコバル諸島の日本軍基地の攻撃である。このときイラストリアス級大型空母から極東最初のシーファイア戦闘機の出撃があった。

その後、一九四五年一月には、イギリス海軍太平洋艦隊の四隻のイラストリアス級空母による、スマトラ島とジャワ島の日本軍基地などへの攻撃が展開された。そして一月二十四日と二十九日の二日にわたり、イギリス機動部隊の戦爆の大編隊によるパレンバン石油基地の攻撃が展開された。これに対し当時同方面の防空にあたっていた陸軍第八十七飛行戦隊の二式単座戦闘機「鍾馗」が出撃、イギリス側の記録では空戦の結果の被墜合計一六機、着艦事故などによる損害二五機と報告されている。そして日本側の損害は一四機となっている。このときの日本側の撃墜記録にはシーファイア艦上戦闘機が含まれている可能性が高いのである。

一九四五年三月からはイラストリアス級イギリス空母四隻で編成された機動部隊がアメリカ海軍機動部隊と共に参加、イギリス空母は主に沖縄南部海上の防衛にあたった。これは台湾基地から出撃する日本機に対する迎撃が目的だったのである。事実、台湾基地を出撃した三式戦闘機「飛燕」が、イギリス空母に対し特攻攻撃を行なっている。

その後七月からは四隻からなるイギリス空母機動部隊は、アメリカ海軍機動部隊と共に日本本土本州北部沿岸から関東・中部地方沿岸、瀬戸内海の航空基地や艦艇の攻撃を展開し、多くの艦艇が撃沈され、また航空基地は甚大な損害を受けたのであった。

このときイラストリアス級各空母はシーファイア艦上戦闘機を一二〜一六機搭載し、同じく艦上戦闘機として搭載していたヴォートF4Uコルセア艦上戦闘機とともに、機動部隊攻撃機群の上空援護を展開したのだ。

この一連の日本基地攻撃においてシーファイア艦上戦闘機にも損害が出ている。終戦直前の八月九日の宮城県下の港湾と地上基地攻撃の際に、女川湾上空で対空砲火によりシーファイア艦上戦闘機一機が撃墜された。また終戦当日の八月十五日午前のイギリス機動部隊による最後の戦爆出撃に際し、護衛戦闘機のシーファイア艦上戦闘機3型一機が、日本機（機種不明）との空戦の結果、千葉県長生郡付近に撃墜されている。このときに失われたシーファイア戦闘機は、第二次大戦中に連合軍側が戦闘で失った最後の航空機とされている。

第10章　戦後のスピットファイア戦闘機

一九四五年五月の対ドイツ戦争、そして八月の対日戦争の終結後、イギリスは陸海空軍の大規模な軍備の削減を展開した。空軍においては戦闘機や爆撃機隊の大規模な解隊が断行された。そして同時に配備されていた大量の軍用機の廃棄処分が行なわれた。

戦闘機中隊では最大規模の戦闘機戦力を保有していた一九四四年六月から七月にかけては、戦闘機中隊数は一三〇個中隊、配属戦闘機三一二〇機に達していたが、一九五〇年六月時点では五七飛行中隊、配属戦闘機六八〇機まで減少した。そしてこの時点での戦闘機中隊の保有機の約七〇パーセントはすでにジェット戦闘機に代わっていたのである。この時点でのレシプロ戦闘機を主力とする飛行中隊数は一七個中隊となっていた。そしてこのレシプロ戦闘機中隊の保有機も翌年までにはすべてがジェット戦闘機に変更される予定であった。

なおこの一七個飛行中隊の保有機はすべてがスピットファイア戦闘機で、その機種別の内訳は次のようになっていた。

16型　三個飛行中隊
18型　三個飛行中隊
22型　九個飛行中隊
24型　二個飛行中隊

これらの飛行中隊の保有機のすべては一個中隊一二機の平時編成に変更されており、総数は二〇四機（予備機を除く）となっていた。この中の18型と24型を装備した二個飛行中隊は香港の基地に駐留していたのだ。そして一九五四年に現役スピットファイアとしてわずかに残っていた偵察機型の19型が、マレーでの偵察任務を終えて基地に帰還し、スピットファイア戦闘機の歴史は終結したのであった。

戦争終結直後にスピットファイア戦闘機に関する秘話がある。それは終戦直後のわずか二年弱の間、日本の空をスピットファイア戦闘機が飛んでいたという事実である。このことは現在ほとんど知られていないし、日本の航空史の中にも記載が残されていない。終戦直後の日本上空でスピットファイア戦闘機が見られたという事実は次の状況から生まれたものであった。

太平洋戦争の終結とともに連合軍の日本への進駐が始まった。この進駐は当初はアメリカ軍だけで行なわれたが、極東地区連合軍最高司令官であったアメリカ陸軍のマッカーサー元帥と、英連邦軍（イギリス、オーストラリア、ニュージーランド、インド）最高司令官ノースコット中将との間で、日本占領政策に関する協議が行なわれ、その結果、日本国内の占領管理区域が決定されたのである。それにより日本国内は中国地方と四国地方は英連邦軍の軍政管理下に置かれることになったのだ（マッカーサー・ノースコット協定）。

この協定に基づき一九四六年二月に英連邦軍の先遣隊が広島県の呉に進駐し、ここに英連邦軍司令部を置いたのであった（実際の司令部施設は旧日本海軍江田島海軍兵学校）。以後の英連邦軍の空軍の進駐に絞ると次のように進められたのだ。連邦軍先遣隊の調査の結果、当初は山口県岩国基地が航空隊の中心基地として選定されたが、爆撃による損害状況が激しく、連邦軍のすべての航空隊の同基地への収容は困難と判断、予備基地として山口県の旧陸軍防府基地と鳥取県の旧海軍の美保基地が選定された。

連邦軍はこの決定にしたがい、飛行場建設中隊を直ちに三ヵ所の基地に派遣し、基地の突貫工事による整備が行なわれたのだ。そして飛行場の整備が完了すると、第一陣として一九四六年三月末に、ニュージーランド空軍の一個飛行中隊のヴォートF4U戦闘機二四機が、イギリス海軍の軽空母グローリーに搭載され送り込まれてきたのだ。そして続いてオーストラリア空軍の三個飛行中隊のノースアメリカンP51戦闘機七九機（予備機を含む）が、長駆ボルネオのラブアン基地からフィリピン、香港、台湾を経由し防府基地に移動してきたので

戦後、鳥取県美保基地に派遣されたスピットファイア（遠景は伯耆大山）

あった。

そして同じく一九四六年三月に、今度はマレー半島のシンガポールとクアラルンプール基地に駐留していた、イギリス空軍第11および第17飛行中隊、さらにインド空軍第8飛行中隊のスピットファイア戦闘機が、イギリス海軍の軽空母ヴェンジャンスに搭載されて岩国基地に送り込まれてきたのである。

そして当初岩国基地に送り込まれたこの三個飛行中隊のスピットファイア戦闘機は、その後、美保基地に移動したのであった。

このときに送り込まれたスピットファイア戦闘機は、第11飛行中隊が14型、第17飛行中隊が18型、インド空軍が8型であった。

これらスピットファイア戦闘機は西日本の防空任務につくことになったが、その任務上これらスピットファイア戦闘機の飛行範囲は原則中国地方と四国地方に限られていた。そして一九四六年と翌四七年の対日戦戦勝記念日に、一部の機体が長駆、東京上空まで飛来してきたのである。

しかしイギリス空軍の軍備大幅削減によりこの二個飛行中隊は解隊、同時にインド空軍の飛行中隊は帰国することになり、一九

インドシナ戦線のスピットファイア9型

四八年二月に美保基地で解隊式が行なわれ、装備のスピットファイア戦闘機の全機体が美保基地内で焼却処分されたのであった。戦後の混乱期でもあり、これらスピットファイア戦闘機を日本側が撮影した写真などは、現在に至るまで見つかっていない。

スピットファイア戦闘機は第二次大戦後、イギリス連邦国や友好国に多くの機体が売却され供与された。その中でも最も多数のスピットファイア戦闘機（シーファイア戦闘機を含む）の供与を受けたのはフランスであった。その機体はスピットファイア9型が大半で、他にシーファイア3型と15型が数十機であった。

フランスは第二次大戦終結と同時にアジアの地で勃発した騒乱に軍隊を投入しなければならなかった。かつてのフランスの植民地仏印（現在のベトナムやラオス）では戦争終結と同時に独立運動が激化し、この鎮静化のためにフランスは陸軍と空軍部隊を長駆仏印へ派遣しなければならなかった。その第一陣として陸軍部隊とともに送られたのが、フランス空軍のスピットファイア9型装備の飛行中隊であった。第一陣の二四機のスピットファイア戦闘機はフランス海軍の護衛空母デュズミュードに搭載され、一九四五年十一月に仏印に到着した。その後もスピットファイア9型戦闘機が送られてきたが、その数は合計六〇機を超えていた。これらフランス空軍のスピットファイア戦闘機の任務は小型爆弾による対ゲリラ地上攻撃で、同時に機銃掃射が主な攻撃方法であった。しかし激しい出撃と対空砲火により稼働機体は減少し、一九四八年十一月当時の稼働機体はわずか一六機にまで消耗していた。そして一九五〇年四月には補充してもそれ以上のスピットファイア戦闘機の運用はこの戦争には不適と判断され、まもなくアメリカが送り込んだベルP63キングコブラ戦闘機やグラマンF6F艦上戦闘機と交代することになったのである。

この間の一九四八年十月には、フランス海軍の軽空母アロマンシュにシーファイア3型二四機を搭載し、仏印沖に派遣され、スピットファイア戦闘機と同じくゲリラ攻撃のために地上攻撃に使われた。しかし連日の艦上での運用はシーファイア戦闘機特有の主脚の弱点が露呈し、着艦事故にともなう損失が続出し、シーファイア艦上戦闘機による対ゲリラ攻撃作戦は中止されたのだ。

戦後のスピットファイア戦闘機の実戦記録としては、一九四八年に勃発した第一次中東戦争がある。このとき戦後エジプト空軍とイスラエル空軍に送り込まれたスピットファイア戦闘機（型式不明）同士が空中戦を展開した事実がある。

一九五〇年六月二十五日に始まった朝鮮戦争では、勃発直後にイギリス海軍の軽空母トライアンフ搭載のシーファイア47戦闘機を地上攻撃に運用している。しかし本機の爆弾搭載能力の不足や主脚の弱点、さらに激しい敵の地上砲火に対し液冷エンジンの機体が被弾に脆いという弱点が表面化し、わずか三ヵ月の運用の後に空冷エンジンのより攻撃能力の高い、ホーカー・シーフュアリー艦上戦闘機に交代している。この戦争がスピットファイア系列戦闘機の最後の実戦となった。

第11章　スピットファイア戦闘機の戦闘配置と戦闘行動

スピットファイア戦闘機は量産機が部隊配属された一年後には、早くもイギリス空軍の最新鋭戦闘機として実戦に投入されている。そしてイギリス空軍は第二次大戦の全期間をスピットファイア戦闘機を第一線戦闘機として使用し続け戦い抜いたのであった。

イギリス空軍は、ヨーロッパ上空でドイツ戦闘機との空中戦が最も激しく展開された一九四三年の半ばにおいて、イギリス本国基地のスピットファイア戦闘機装備の飛行中隊は三二個中隊であり、その総数は七六八機に達していた。

一九四三年六月当時のイギリス本国配置のスピットファイア戦闘機の内訳は、次のとおりであった

スピットファイア5型　二三個飛行中隊

6型　二個飛行中隊

9型	五個飛行中隊
12型	二個飛行中隊
合計	三二個飛行中隊
合計機数	七六八機

またノルマンディー上陸作戦決行当時、新たに組織された第二戦術空軍（本土防空を含む）配備のスピットファイア戦闘機の内訳は次のとおりとなっていた。

スピットファイア5型	一三個飛行中隊
7型	三個飛行中隊（防空）
9型	四〇個飛行中隊
12型	一個飛行中隊（防空）
14型	二個飛行中隊（防空）
合計	五九個飛行中隊
合計機数	一四一四機

そして一九四四年七月当時のインド・ビルマ方面配備のスピットファイア戦闘機の内訳は次のとおりであった。

スピットファイア8型　一〇個飛行中隊
合計機数　二四四機

これらスピットファイア戦闘機の大半は、ビルマとインド国境地帯のインド側の基地（チッタゴン、コインパール、パレル基地など）に配備されていた。そしてこの戦域にはまだホーカー・ハリケーン戦闘機（2C型）が一〇個飛行中隊も同時に配備されていた。

第二次大戦が勃発したときのイギリス空軍（ROYAL AIR FORCE）の組織は別図のようになっていた。この中でイギリス本国の戦闘機戦力はすべて戦闘機航空団（FIGHTER COMMAND）の指揮下に入っていた。そして戦闘機航空団は数個師団の戦闘機師団（GROUP）で構成され、戦闘機師団の場合は一個師団が数個戦闘機大隊（WING）で構成されていた。そして一個戦闘機大隊は数個飛行中隊（SQUADRON）で編成されていたのである。

つまり一個戦闘機師団は最大で四個飛行大隊で編成され、その指揮下の戦闘機中隊は最大で一六個となっていた。つまり一個飛行師団は戦時編成であれば単発戦闘機の場合は合計三八六機を要する航空戦力であった。

イギリス空軍の単発戦闘機飛行中隊は、平時編成であれば八〜一二機で編成されるが、戦時編成では二四機で編成されるのである。そしてすべての航空作戦において戦闘機の作戦行動（出撃）は飛行中隊が基本戦闘単位となり、大規模戦闘機掃討作戦では、数個飛行中隊が各一二機を出撃させ、二四機～六〇機前後の大規模空戦が展開されるのである。

バトル・オブ・ブリテン当時は、イギリス本国を数ブロックに分け、基本的には一ブロックを一個飛行師団で防衛する方式を採っていた。ただイギリス南部はイギリス防衛の最重要防衛区域であったために、このブロックの防衛は他の戦闘機師団より多くの戦闘機中隊を擁していたのである。

ここで戦闘機師団は、空軍大佐（GROUP CAPTAIN）が指揮し、戦闘機大隊は空軍中佐（WING COMMANDER）が、飛行中隊は飛行少佐（SQUADRON LEADER）によって指揮されていた。そして一個飛行中隊は二個飛行小隊（FLIGHT）で編成され、各飛行小隊は飛行大尉（FLIGHT LIEUTENANT）により指揮された。

なお一個飛行小隊（一二機編成）のパイロットの半数は下士官で、その他は小隊長を除き飛行中尉と飛行少尉、ときには飛行准尉で構成されていた。

各パイロットの昇進は早く、下士官でも戦功（撃墜記録や出撃回数または作戦行動の内容）のある者はつぎつぎと昇進し隊の指揮を執り、飛行下士官でも数年で飛行大尉から飛行少佐へと昇進し、その経験にともなった空戦技術で部下の統率にあたったのであった。この昇進の速さはそれだけ戦闘機パイロットは生存確率が低く、数年間の空戦や地上攻撃の中で生き抜くことが至難であったことを証明するものなのである。事実第二次大戦中のイギリス空軍

イギリス空軍の組織図（１９４３年当時）

- イギリス空軍 (Royal Air Force)
  - 本国空軍集団 (Home Command)
    - 戦闘機軍集団 (Fighter Command)
      - 第９戦闘機師団 (No9 Fighter Group)
      - 第10戦闘機師団 (No10 Fighter Group)
      - 第11戦闘機師団 (No11 Fighter Group)
      - 第12戦闘機師団 (No12 Fighter Group)
      - 第13戦闘機師団 (No13 Fighter Group)
      - 第14戦闘機師団 (No14 Fighter Group)
      - 北アイルランド戦闘機師団 (Northern Ireland Group)
    - 爆撃機軍集団 (Bomber Command)
    - 沿岸警備隊軍集団 (Coastal Command)
    - 輸送機軍集団 (Air Transport Command)
    - 練習航空団 (Flying Training Command)
    - 整備・補給航空団 (Maintenance Support Command)
  - 海外派遣航空軍集団 (Overseas Command)
    - 地中海方面派遣航空団 (Meditaranean Command)
    - 中東方面派遣航空団 (Middleeast Command)
    - 南東アジア派遣航空団 (Southeast Command)

合計戦闘機戦力
単発戦闘機61個中隊（合計戦力１４６４機）
双発戦闘機20個中隊（合計戦力　４８０機）
（注）双発戦闘機は夜間戦闘機

海外派遣航空軍・戦闘機合計戦力
単発戦闘機　44個中隊（合計１０５６機）
双発戦闘機　16個中隊（合計　３８４機）
（注）双発戦闘機は夜間戦闘機及び
　　地上攻撃機として運用

の戦闘機パイロットの損失は、五〇〇〇名をはるかに超えている。

単発戦闘機の戦闘行動の基本単位は一個小隊（一二機編成）で、各小隊は四機編成の三個分隊で構成されていた。第二次大戦勃発当初からバトル・オブ・ブリテンなかばまでは、一個小隊は三機編成で編成されていたが、ドイツ戦闘機隊が採用していた一個分隊四機編成の、いわゆる「ロッテ」編成が効果的と判断され、以後イギリス戦闘機隊も四機編成の基本編隊行動を採用することになった。

三機編成の場合は、敵機の追撃に際しては先頭の二機が敵機を追い込み、後続の一機がこの編隊を追撃してくる敵機に立ち向かうという戦法であった。しかし実際の空戦では二機を一単位として敵機の追撃を行ない、この味方の二機を追撃してくる敵機に対しては複数で対応することが効果的であること、また多くの敵機にあたる場合には分隊を二機・二機に分解し対応することが現実的であるという判断から四機編成分隊が誕生したのである。日本の戦闘機の場合も当初は三機編成を空戦の一単位としていたが、太平洋戦争の進展の中で四機の編成へと変更されている。

第二次大戦中のイギリス空軍の戦闘機部隊はまさに多国籍戦闘機部隊とでも表現できるほど、多くの国々のパイロットで編成されていた。

第二次大戦の勃発にともない、多くのヨーロッパ諸国はドイツ軍の侵攻を受けその軍門に下った。しかしそれらの国々の多くの若者（脱出者も含む）は祖国の危急を思い、参戦の意思を示した。彼らはイギリスに集結しイギリス側に立ち参戦したのである。イギリス政府は彼らを集め、国別の救国義勇軍を編成したのだ。フランスの場合はロンドンに逃れたド・ゴール将軍の下に自由フランス軍を設立したのである。

彼らは当然ながら空軍にも入隊し、ある者は戦闘機パイロットに、ある者は爆撃機搭乗員となった。戦闘機も爆撃機の場合も、イギリス空軍はパイロットや搭乗員の逼迫から彼らの存在は貴重であった。そこで空軍でも国別に編成された飛行中隊が誕生したのである。中隊の要員は国別にまとめられ、ポーランド飛行中隊、ノルウェー飛行中隊、チェコスロバキア飛行中隊、自由フランス飛行中隊などが、戦闘機や爆撃機飛行中隊が設立されたのであった。

そして同時に義勇志願して入隊したオーストラリア人、カナダ人、ニュージーランド人で編成された多数の飛行中隊も誕生した。義勇志願者の中にはまだこの戦争に参戦していなかったアメリカ人も含まれ、義勇アメリカ戦闘機中隊も編成されたのである。

イギリス空軍は戦闘機や爆撃機などすべての飛行中隊がナンバー1からの連続番号の中で整理されていた。例えばナンバー1飛行中隊は戦闘機中隊、ナンバー115飛行中隊は爆撃機中隊などとされていた。そうしたなかで義勇志願パイロットたちで編成された飛行中隊は、国別に中隊番号が区分されていた。例えばイギリス連邦諸国出身者で編成された飛行中隊は、戦闘機や爆撃機の区別なく400番台のナンバーがつけられており、その他の国の出身者で編成された飛行中隊は300番台などとなっていた。例えば自由フランス「アルザス」飛行中隊は第341飛行中隊である。

彼ら義勇志願パイロットの存在はイギリス空軍にとっては極めて貴重な戦力となり、戦闘機部隊の場合では彼らのなかから多くのエースが誕生しているのである。

第12章 スピットファイア戦闘機のエースたち

撃墜の基準

スピットファイア戦闘機は大量に生産されて各方面で広く使われただけに、この戦闘機で戦ったパイロットには数多くの「エース」が誕生している。空軍における「エース」という言葉は第一次世界大戦中にイギリス空軍で誕生した言葉で、「敵機を五機以上撃墜した者に与えられる名誉称号」なのである。その後この言葉は世界中に広まり第二次大戦でも各国で多くのエースが誕生している。

戦闘機の空戦中において「撃墜」の判定は多分に不確定要素を含むもので、「敵機を完膚なきまでに損害を与え撃墜した」とする確証をいかに明らかにするかはたいへん難しい。しかし世界の戦闘機パイロットの空戦記録を眺めると、なかには疑問符がつけられる記述も多く見受けられるのである。大規模空戦が展開された場合について、戦後に互いの撃墜記録を照合すると、ほとんどの場合、互いが撃墜したと主張する敵機の数と、実際に撃墜された機体の数とは一致せず、多くの場合大きな違いが生じるのである。この場合は互いの損害機数が互いの真の撃墜数に相当することになるのである。

第二次大戦中の各国の戦闘機パイロットの示す「撃墜」の判定は、当事者であるパイロットの証言と、それに対する僚機パイロットの証言に委ねられる場合が多い。また僚機の証言がない場合でも、当事者パイロットが「撃墜確実」と主張すれば、撃墜として認定されるのである（撃墜記録のほとんどはこの状況が多数を占めるようである）。したがって敵機に命中弾を与え、黒煙を吹き出させ、グリコールの白煙を吹き出させただけで「撃墜確実」と主張する場合も多いのである。損傷を受けた敵戦闘機は戦闘継続は不可能であるが、基地への帰還が可能であれば、必ずしも撃墜には至っていないのである。

第二次大戦中の各国の戦闘機パイロットの撃墜記録をみると、最も「撃墜確実」に対しての信憑性が高いのは、イギリス空軍であるようだ。イギリス空軍は第二次大戦を前にして、全戦闘機の主翼内に機銃の発射と同調して撮影が始まる小型の「ガンカメラ」を装備した。このカメラは銃口に隣接して取り付けられ、発砲と同時に撮影が始まる仕掛けになっており、記録はフィルムに残されるのである。そして空戦から帰還した戦闘機からフィルムを取り出し現像した上で射撃の効果を判定し、パイロットの証言との整合を図るのである。

イギリス空軍の撃墜の判定基準は次のようになっており、アメリカや日本のようにパイロットの報告が主体の判定基準とは違いかなり厳格で、撃墜数については相当に信頼性が高いと判断できるのである。

撃墜確実の判定

イ、敵機の機体全体が爆発を起こしている姿が映し出されている場合。

ロ、敵機の主翼などが折れ曲がり完全に飛行が不可能と判定された場合。

ハ、敵機のパイロットが脱出している姿が映し出されている場合。

ニ、撃墜した敵機が破壊された姿で地上で映し出されている場合。

撃墜不確実の場合は撃墜記録には入らず、「破壊」と記録される。

「破壊」の判定基準は次のとおりである。

イ、敵機が火炎に包まれている様子が映し出されている場合。

ロ、敵機に致命傷の命中弾を与えている姿は映し出されているが、「撃墜確実」の状況が映し出されていない場合。

ハ、敵機を完全に破壊した姿が映し出されていない場合。

これらの判定を受けて初めて「撃墜」記録として認定されるのであり、五機以上の撃墜記録を残すことは容易ではなく、「エース」パイロットはまさに尊敬に値する戦闘機パイロットの資格が得られるのである。

第二次大戦を通じてイギリス空軍で五機以上の敵機撃墜を記録したパイロットは合計八七一名存在するが、そのなかの三〇〇名はバトル・オブ・ブリテン期間中にエースとなった者たちで、この期間中に彼らが撃墜したドイツ機の総数は一五〇〇機を超えるのである。しかしこの三〇〇名（スピットファイア以外の他機種のエースを含む）の中の二〇一名（同）は第二次大戦中に戦死しているのである。エースで戦争を勝ち抜き生存することも難しいのである。ちなみに彼らエースにより、第二次大戦中に撃墜されたドイツおよびイタリア機の総数は七三六一機で、このなかでスピットファイア戦闘機により撃墜された敵機は推定四八〇〇機とされているのである。

スピットファイア戦闘機のエースたち

その1、バトル・オブ・ブリテンのエースたち

一九三九年九月に第二次大戦が勃発すると、イギリスはフランスに陸軍部隊を派遣した。その直後フランスはイギリスに対し、イギリス空軍の戦闘機一〇個飛行中隊と爆撃機五個飛行中隊の派遣を要請したのであった。これに対しイギリスは本土防衛の必要から戦闘機飛行中隊四個（戦闘機九六機）と軽爆撃機中隊四個（軽爆撃機四八機）をフランスに送り込んだのである。

このときイギリスがフランスに送り込んだ戦闘機はすべてホーカー・ハリケーン戦闘機で、爆撃機は単発のフェアリー・バトル軽爆撃機と双発のブリストル・ブレニム軽爆撃機であった。

ドイツ陸軍と空軍の大群が一九四〇年五月十日、突然オランダ国境を越え、さらにベルギー国境を越え、両国はたちまち蹂躙され、ドイツ軍の大群はフランス国境も超えてフランスに雪崩込んできたのであった。

この猛攻に対しイギリス空軍の派遣部隊も迎撃戦を繰り返したが、ドイツ空軍の大群は数少ないハリケーン戦闘機をたちまちに駆逐してしまったのである。この間にハリケーン戦闘機のパイロットの中にも、ドイツ戦闘機や爆撃機を五機から八機撃墜するエースも誕生したが、大混乱の渦中で彼らの戦闘記録は散逸し、この短い混戦についての詳細な戦闘記録を確認することは難しくなっているのである。

つぎに展開された戦闘機の戦いがバトル・オブ・ブリテンなのである。しかしこの戦いも当初は数の多いハリケーン戦闘機が主力として戦ったが、優秀なドイツ戦闘機メッサーシュミットMe109Eとの戦いは同戦闘機には不利であった。そこでイギリス空軍はハリケーン戦闘機は対爆撃機迎撃に専念させ、ドイツ戦闘機には新鋭のスピットファイア戦闘機で立ち向かうことにしたのであった。以後メッサーシュミットMe109E型戦闘機とスピットファイア1型戦闘機との間で激しい空中戦が、イギリス南部上空で連日にわたり展開され、スピットファイア戦闘機パイロットに多くのエースが誕生することになったのである。この戦いで誕生した代表的なエースパイロットについて紹介する。

○アドルフ・G・マラン空軍大佐

彼は元貨物船の三等航海士という異色の前歴を持つパイロットである。空軍在籍中の彼の愛称はそれにちなんで「セーラー・マラン」であった。

彼は一九三六年に二十六歳のときにイギリス空軍に志願入隊した遅咲きのパイロットである。戦闘機パイロットになると彼は急速に頭角を現わし、一九四〇年の五月の初陣以来スピットファイア戦闘機に搭乗して十一月末までに二三機の主にドイツ戦闘機を撃墜し、一躍イギリス空軍のトップエースに駆け上った。そしてバトル・オブ・ブリテンの戦いの後のフランス上空への制空行動でも、新たにメッサーシュミットMe109戦闘機九機を撃墜し、合計三二機撃墜という記録を打ち立てたのである。

彼はその後空軍大佐に昇進し戦闘機師団の指揮や戦闘機射撃学校の校長などを歴任し、戦争終結直後の一九四六年に空軍を除隊し、母国の南アフリカに帰国した。そして牧場主として静かな余生を送った。彼の撃墜記録はイギリス空軍第三位となっている。

彼の戦功に対し最高殊勲賞（DSO勲章）、殊勲航空十字章（DFC勲章）をそれぞれ二回授与されている。

○フランク・R・カーリー空軍大佐

彼は十五歳のときにイギリス空軍に入隊している。当初は飛行機整備員として勤務していたが、二十三歳で戦闘機パイロットとしての資格を得た。第二次大戦勃発直後の一九四〇年一月に下士官操縦士としてフランス派遣の戦闘機中隊に所属し、ホーカー・ハリケーン戦闘機でドイツ機と戦い、この間にドイツ空軍の戦闘機と爆撃機合計八機を撃墜し、早くもエースとしての才能を発揮したのだ。

そしてイギリスにもどり、バトル・オブ・ブリテンではスピットファイア戦闘機を操縦して戦い、ドイツ戦闘機一〇機を撃墜している。その後一九四一年八月に東南アジア空軍に移り、ハリケーン戦闘機とスピットファイア戦闘機を操縦し、ビルマ上空で日本の戦闘機と爆撃機合計一〇機を撃墜している。戦争終結までの総撃墜数は二八機となっている。

彼の最終階級は空軍大佐で、空軍軍曹から八階級も昇進したことになる。彼の戦功に対し殊勲航空十字章（DFC勲章）二回、空軍功績十字章（AFC勲章）、殊勲航空章（DFMメダル）が授与されている。

○コーリン・F・グレー空軍大佐

バトル・オブ・ブリテン当時は二十六歳という戦闘機パイロットとしては遅出であった。

しかしこの戦いで彼はスピットファイア戦闘機で一六機のドイツ戦闘機を撃墜し、マラン空軍大佐とともに「オールド・エース」としてたちまち注目の的となったのだ。

彼がバトル・オブ・ブリテン当時に所属していた飛行中隊は第54飛行中隊で、この戦いの間に所属していたパイロットは新規補充パイロットも含め多数が戦死し、バトル・オブ・ブリテンが終結したときに、戦闘開始時に所属していたパイロット二四名で生き残っていたのは彼を含めてわずかに五名であった。

その後アフリカ戦線とイタリア戦線に派遣され、同じくスピットファイア戦闘機で戦い、ドイツおよびイタリア空軍戦闘機一二機を撃墜し、彼の合計撃墜記録は二八機となった。彼は一九六一年まで空軍に勤務した後に除隊。最終階級は空軍大佐であった。最高殊勲章（DSO勲章）二回、殊勲航空十字章（DFC勲章）をそれぞれ二回授与された。

○アラン・C・デーア空軍准将

ニュージーランド出身の戦闘機パイロット。一九三七年の二十歳のときにイギリス空軍に志願入隊し戦闘機パイロットとなる。バトル・オブ・ブリテン当時は前記のグレー大佐とともに激闘の第54飛行中隊に所属しスピットファイア戦闘機を操縦した。この戦いで彼は一七機のドイツ戦闘機と爆撃機を撃墜した。フランス上空の制空出撃でも四機のメッサーシュミットMe109を撃墜している。総撃墜数は二一機であった。その後彼は飛行大隊の指揮官となり実戦から離れ、戦闘機隊の指揮に専念した。

彼は戦後もイギリス空軍にとどまり、一九六七年に五十歳で空軍を退官した。最終階級は空軍准将であった。彼は戦後の一時期エリザベス女王の直属空軍副官を務めたことがある。最高殊勲章（ＤＳＯ勲章）、大英帝国騎士勲章（ＯＢＥ勲章）、殊勲航空十字章（ＤＦＣ勲章）二回、空軍功績十字章（ＡＦＣ勲章）を授与されている。

その2、西ヨーロッパ制空戦のエースたち

バトル・オブ・ブリテンに勝利したイギリス空軍は、一九四一年四月頃から戦闘機によるフランス上空への制空行動を展開した。数機または二〇～四〇機単位でフランス上空に進出し、これを迎え撃つドイツ戦闘機との間で激しい空中戦を展開した。またときには爆撃機編隊の上空援護で出撃し、迎撃してくるドイツ戦闘機と空中戦を展開したのだ。

ノルマンディー上陸作戦後にフランスに進出したイギリス空軍戦闘機中隊は、こんどは陸上部隊の進撃に合わせ逐次基地を移動し、ドイツ戦闘機との空中戦の戦域もベルギーからオランダ、さらにはドイツ本国上空まで拡大していった。

戦闘行動の主役はやはりスピットファイア戦闘機であったが、一九四四年秋頃からはドイツ戦闘機に最新鋭のフォッケウルフＦｗ190Ｄが投入されるようになり、またメッサーシュミットＭｅ109戦闘機も最新型のＧ型やＫ型が出現すると、とくにスピットファイア９型や16型で戦闘を交えるパイロットにとっては苦戦を強いられたのである。

一九四〇年五月以降、戦争が終結する一九四五年五月までの間に、西ヨーロッパ上空でスピットファイア戦闘機を駆って空戦を交えた、幾多のエースパイロットの中から代表的なパイロットについて紹介する。

○ジェームス・E・ジョンソン空軍少将

彼は一九三九年に二十三歳でイギリス空軍に志願入隊し、戦闘機パイロットとしての教育を受ける。バトル・オブ・ブリテン最中の一九四〇年八月に、名誉あるイギリス空軍第1飛行中隊に配属されスピットファイア戦闘機を操縦することになった。

出撃の機会は多かったが、なかなか戦果が上がらないままイギリス上空の戦いは終わった。その後一九四一年六月にスピットファイア2型で出撃し、フランス上空でメッサーシュミットMe109を撃墜し、初の戦果を挙げた。そしてこの戦闘後、彼の撃墜戦果は急激に上昇したのであった。フランス基地を拠点に彼は終始スピットファイア9型に搭乗しドイツ機と空戦を交え、一九四五年一月の時点で彼の撃墜記録は三八機に達していたのである。

戦争終結時点で彼は空軍大佐に昇進しており、第二戦術空軍の戦闘機師団の指揮官を担当していた。彼は一九六六年に空軍少将で退官している。大英帝国三等勲章（CBE勲章）、最高殊勲章（DSO勲章）三回、殊勲航空十字章（DFC勲章）を二回授与された。

彼の撃墜記録の上を行く戦闘機パイロットとしてマーマデューク・T・パトル空軍少佐の名前が挙げられる。彼の撃墜記録は四〇機から五〇機とされているのだ。彼は南アフリカ出身で二十二歳のときにイギリス空軍に入隊、その後戦闘機パイロットとなる。第二次大戦勃発当時はエジプト駐留の戦闘機中隊でハリケーン戦闘機で行動していたが、一九四〇年六月のイタリア参戦後、ギリシャ戦線に派遣され同じくハリケーン戦闘機でイタリア空軍戦闘機と空戦を交えていた。この間に彼はイタリア空軍のフィアットCR42複葉戦闘機やフィアットBR20爆撃機など旧式化した敵機を合計四〇機前後撃墜したとされている。しかしドイツ空軍の参入により劣勢となり、一九四〇年四月にドイツ空軍のメッサーシュミットMe109戦闘機との空戦で撃墜され戦死した。

その後、派遣飛行中隊は撤退につぐ撤退でエジプトまで後退したが、この混乱の中で彼の空戦に関わる資料のすべてが散逸し、彼の撃墜記録の真偽が不明となったのである。彼のイギリス空軍のトップエースという評価はあくまでも暫定的なもので、実質的なトップエースはジョンソン空軍少将とされているのである。

○ハリー・ブロードハースト空軍大将

第二次大戦勃発当時は空軍少佐として戦闘機中隊を指揮していた。しかしまもなく飛行中佐に昇進し、飛行大隊長としてスピットファイア戦闘機に搭乗しバトル・オブ・ブリテンに参加、その後の初期のフランス上空の制空作戦にも参戦し合計一二機のドイツ戦闘機を撃墜した。その後空軍大佐に昇進すると飛行大隊の指揮を執り空戦に参加することはなかった。ノルマンディー上陸作戦後、彼は空軍少将に昇進し、上陸作戦前後は第二戦術空軍の戦闘機師団の指揮官となり、大陸でのイギリス空軍戦闘機航空団の総指揮を執ることになった。彼は戦後のイギリス空軍戦闘機航空軍司令官などの要職を歴任し、空軍大将で退官した。バス一等勲章（GCB勲章）、大英帝国二等勲章（KBE勲章）、最高殊勲章（DSO勲章）二回、殊勲航空十字章（DFC勲章）二回、空軍功績十字章（AFC勲章）。

○ダグラス・R・S・バーダー空軍大佐

両足義足の戦闘機パイロットとして世界的に有名なパイロットである。一九二八年にイギリス空軍士官学校を卒業し戦闘機パイロットになった。二十一歳のときに戦闘機の超低空での曲技飛行中に墜落、両足を膝下から切断した。

しかし不屈の精神でその後も義足つけて戦闘機を操縦し、バトル・オブ・ブリテンではスピットファイア戦闘機に搭乗して一一機のドイツ戦闘機を撃墜するという、非凡な才能を見せたのだ。その後のフランス上空の制空戦闘にも参加しさらに一二機のドイツ戦闘機を撃墜したのだ。

一九四一年八月に彼はフランス上空で撃墜され、パラシュート降下後ドイツ軍の捕虜になった。すでにドイツ空軍でもその名の知れていた両足義足のバーダーはむしろ歓迎されることになったのである。そしてパラシュート降下時になくした片方の義足をイギリス空軍に要求し、パラシュートで落下させるという信じられないエピソードを残しているのである。

戦後イギリスにもどったバーダーは一九四六年にイギリス空軍を退官し、民間会社の幹部となり、その間にイギリスの身体障害者の地位向上活動に尽力したことでも知られている。大英帝国三等勲章、最高殊勲章（DSO勲章）二回、殊勲航空十字章（DFC勲章）二回。

○ブレンダン・F・フィヌケーン空軍中佐

イギリス空軍に入隊後の一九三九年八月に空軍少尉に任官し、スピットファイア戦闘機装備の飛行中隊に配属される。バトル・オブ・ブリテンでは際立った撃墜記録は示さなかったが、一九四一年四月以降のフランス上空での制空戦闘では七二日間でドイツ戦闘機一七機を撃墜するという結果を示し、一躍注目されるようになった。なかでも一日に三機撃墜という記録を二度も達成している。

一九四二年五月のフォッケウルフFw190の撃墜で、合計撃墜記録を三二機に伸ばしてマラン大佐の撃墜記録に並んだが、七月のフランス上空制空飛行の際に、低空飛行中にドイツ軍の対空砲火を受け機体を損傷し、帰途に英仏海峡で機体は着水したが脱出できず戦死した。最高殊勲章（DSO勲章）、殊勲航空十字章（DFC勲章）三回。

○ドナルド・E・キンガビ空軍少佐
一九三九年に十九歳でイギリス空軍に入隊し戦闘機パイロットとなる。バトル・オブ・ブリテンではスピットファイア戦闘機を操縦して一一機のドイツ戦闘機を撃墜した。その後フランス上空の制空飛行で一二機のドイツ戦闘機を撃墜し、撃墜記録合計二三機とした。ノルマンディー上陸作戦後は本国で地上勤務につき終戦を迎えている。最終階級は空軍中佐で、一九五八年に三十八歳で空軍を退官している。最高殊勲章（DSO勲章）、空軍功績十字章（AFC勲章）、殊勲航空十字章（DFC勲章）三回。

○ピエール・H・クロステルマン空軍中佐
一九二一年生まれのフランス人。第二次大戦開戦時には両親とともにブラジル在住であったが、フランス降伏の報に接し単身ロンドンにわたり、イギリス空軍に志願入隊し戦闘機パイロットの教育を受ける（彼はすでに民間小型機五〇〇時間の操縦経験を持っていた）。一九四三年四月に、イギリス空軍の戦闘機中隊に組織された第341飛行中隊（アルザス飛行中隊＝フランス人パイロットで編成）に配属される。その後一九四三年七月からスピットファイア9型戦闘機でフランス上空の制空戦闘に参加、ノルマンディー上陸作戦直後までにドイツ戦闘機七機を撃墜した。

その後、陸上勤務についたが、一九四五年一月に再びイギリス空軍戦闘機部隊にもどり、オランダを基地とする戦闘機中隊に配属される。このときの乗機はスピットファイア戦闘機ではなく新鋭のホーカー・テンペスト戦闘機であった。彼はこの機体で終戦までにドイツ戦闘機二六機を撃墜したのだ。

彼の総撃墜記録は三三機で、この戦争に参戦したフランス人戦闘機パイロットの最高撃墜記録を残した。彼は終戦時にはフランス空軍中では空軍中尉に過ぎなかったが、イギリス空軍内では空軍のフェアプレーの精神に則り順次昇進し、最終的には空軍中佐に昇進し、飛行大隊長も務めたのであった。

彼が戦後に著した「Le Grand Cirque」（邦訳：「撃墜王」）は世界的なベストセラーとなった。この書の中にはイギリス空軍の実際の戦闘状況や人間関係、そして空戦の実態が生々しく描写されており、世界のいわゆる「戦闘機パイロットの自伝」の中でも群を抜いた描写であり、空戦記録の白眉と評価されている。

クロステルマンは最高殊勲章（DSO勲章）、殊勲航空十字章（DFC勲章）二回、他にフランスのレジョン・ド・ヌール三等勲章、ベルギーのレオポルド三等勲章、アメリカ空軍の殊勲航空十字章など、多数の勲章やメダルを授与されている。

その3、マルタ島・アフリカ戦線のエースたち

○ジョージ・F・ビューリング空軍少佐

カナダ生まれ。一九四〇年九月に十九歳でイギリス空軍に志願入隊する。翌年十二月に下士官パイロットとして実戦部隊に配属されたが、実戦において彼はつねに編隊行動を逸脱し単独行動に走る性癖があり、指揮官から叱責されていた。一九四二年六月にマルタ島守備の飛行中隊に転属になったが、厄介者として追い出された可能性が高かった。当時のマルタ島の戦闘機部隊は編隊行動をとる暇もなく、つねに単機空中戦で戦わねばならないほどの乱戦混戦の場であり、彼には適した環境であった。

彼はスピットファイア5型戦闘機に搭乗し、たちまち一匹狼の素質を現わし、撃墜記録を伸ばしたのだ。そしてマルタ島着任以来四ヵ月の間に、ドイツとイタリアの戦闘機を二六機撃墜という記録を打ち立てたのであった。その後、空戦中の被弾で重傷を負い本国に帰還した。

一九四三年九月に再び実戦部隊に復帰し、イギリス本国を基地とするフランス上空制空戦に投入されたが単独空戦の性癖は治らず、五機の撃墜記録を加えた後に、イギリス空軍から除隊勧告を受け空軍を去った。戦争終結直後にイスラエル建国にともなう物資輸送の輸送機パイロットを志願し任務についたが、輸送機の事故で死亡した。最高殊勲章（DSO勲章）、殊勲航空十字章（DFC勲章）、殊勲航空章（DFMメダル）一回。

○ヘンリー・W・マクレオド空軍少佐

カナダ生まれ。二十五歳でイギリス空軍に入隊し戦闘機パイロットになる。一九四一年からスピットファイア戦闘機装備の飛行中隊に配属されたが、この間の撃墜記録はない。しかし一九四二年五月にマルタ島に派遣されると、スピットファイア5型戦闘機に搭乗し縦横の活躍を始めたのだ。

マルタ島上空の空中戦は、連日のドイツ・イタリア空軍機の来襲に対する迎撃戦の繰り返しであり、弾薬を撃ちつくして基地に着陸すると直ちに燃料と弾薬が補給され、息継ぐ暇もなく再出撃という、組織だった戦闘が不可能な状態だったのである。それだけにビューリングのような一匹オオカミ的な戦闘機パイロットにとっては、最適な環境であったといえるのである。

マクレオドはこの環境の中で七ヵ月間に一三機のドイツおよびイタリア空軍の戦闘機と爆撃機を撃墜した。休養でイギリス本国に帰国後、一九四三年九月よりフランス上空の制空戦に出撃し八機のドイツ戦闘機を撃墜している。

ノルマンディー上陸作戦後フランス基地に移動、九月にメッサーシュミットMe109戦闘機と空戦に入り乗機が被弾、彼はこのとき機上で撃たれたらしく、機体はそのまま地上に激突した。総撃墜数は二一機で最終階級は空軍少佐であった。最高殊勲章（DSO勲章）、殊勲航空十字章（DFC勲章）二回。

○コーリン・F・グレー空軍中佐
ニュージーランド出身の戦闘機パイロット。二十二歳でイギリス空軍に入隊、一九三九年十一月にスピットファイア戦闘機配備の第54飛行中隊配属となる。バトル・オブ・ブリテンではドイツ空軍爆撃機と戦闘機一六機を撃墜し、一躍戦闘機パイロットとしての頭角を表わしたのだ。彼は第54飛行中隊の開戦当時からの生き残りパイロット五名の中の一人である。

その後一九四三年三月に北アフリカ戦線に転属となり、チュニジア戦線でメッサーシュミットMe109戦闘機五機を撃墜した。そして連合軍のシシリー島とイタリア・サレルノ湾上陸にともない、イタリア基地に移動しドイツ戦闘機七機を撃墜している。撃墜総数は二八機となった。

彼は戦後もイギリス空軍にとどまり、一九六一年に四十九歳で空軍を退官している。最終階級は空軍大佐であった。最高殊勲章（DSO勲章）、殊勲航空十字章（DFC勲章）二回。

ここで紹介したエース以外にマルタ島攻防戦ではロバート・W・マクネア空軍大佐（一六機撃墜）、ポール・ブレナン空軍少尉（一〇機撃墜）、レイ・ヘセリン空軍少尉（一〇機撃墜）、ジャック・W・ヤラ空軍大尉（一二機撃墜）など多数のエースが誕生している。

その4、ビルマ・太平洋のエースたち

○フランク・R・カーリー空軍大佐

二十三歳でイギリス空軍に志願入隊し戦闘機パイロットとなった。バトル・オブ・ブリテンではホーカー・ハリケーン戦闘機を操縦し、七機のドイツ爆撃機と戦闘機を撃墜しエースとなった。

その後一九四二年にイギリス空軍東南アジア航空軍に派遣され、再びホーカー・ハリケーン戦闘機に搭乗し日本機と交戦、一式戦闘機「隼」五機を撃墜した。一九四三年後半からスピットファイア8型戦闘機に機種が変更され、ビルマ戦線で「隼」一六機を撃墜し、合計撃墜記録を二八機とした。彼はイギリス空軍の日本機撃墜のトップとなった。戦後もイギリス空軍に在籍し四十九歳のときに空軍大佐で退官している。殊勲航空十字章（DFC勲章）二回、殊勲功績十字章（AFC勲章）、殊勲航空章（DFMメダル）。

○クライブ・R・コールドウエル空軍大佐

オーストラリア生まれ。二十八歳のときにオーストラリア空軍に入隊するが、のちにイギリス空軍籍となった。一九四一年に北アフリカ戦線に派遣され、カーチスP40戦闘機に搭乗しドイツとイタリアの戦闘機と爆撃機一八機を撃墜した。

一九四二年十一月に、スピットファイア5型戦闘機を配備したオーストラリア空軍の三個飛行中隊の飛行大隊指揮官（飛行中佐）となり、オーストラリア西北部のポートダーウィン防衛の任務についた。そしてこの年の三月から九月までの間に同地を襲った日本海軍と陸軍の戦闘機・爆撃機の編隊の迎撃に活躍したのだ。

この間に彼は百式司令部偵察機一機と、爆撃機（百式重爆撃機か一式陸上攻撃機のいずれか）と戦闘機（零式艦上戦闘機か一式戦闘機のいずれか）合計九機を撃墜し、合計撃墜記録を二八機とした。

戦争終結翌年に空軍を退官したときは三十六歳で、イギリス空軍では最も遅咲きのエースであった。退役時の階級は空軍大佐である。最高殊勲章（DSO勲章）、殊勲航空十字章（DFC勲章）二回。

○ジェームス・S・レーシー空軍少佐

一九三七年に二十歳でイギリス空軍に志願入隊。一九四〇年一月にイギリス空軍の派遣飛行中隊の一員としてフランスに派遣された。そしてハリケーン戦闘機で五機のドイツ戦闘機と爆撃機を撃墜し、初期のフランス戦線での数少ないイギリス空軍のエースとなった。その後イギリスに戻りバトル・オブ・ブリテンでは、スピットファイア戦闘機に搭乗し二三機のドイツ戦闘機と爆撃機を撃墜した。

一九四四年十一月にビルマ戦線に派遣されスピットファイア8型を操縦して日本機との戦

いに挑んだが、この頃のビルマ戦線の日本機の配備数は激減しており、わずかに一機の一式戦闘機「隼」を撃墜したのみであった。

対日戦の終結翌年に彼は第17飛行中隊指揮官であったが、この年の一月に配備機体がスピットファイア18型に変更された。そして三月に第11飛行中隊のスピットファイア14型戦闘機、そしてインド空軍の第8飛行中隊のスピットファイア戦闘機8型とともに、日本駐留のイギリス戦闘機部隊として日本に派遣されることになったのである。三個飛行隊のスピットファイア戦闘機三六機（平時編成にもどされ一個飛行中隊一二機）は、イギリス空母ヴェンジャンスの飛行甲板に搭載され、日本の岩国に向かったのであった。

彼は日本駐留の第17飛行中隊の初代指揮官となったが、日本駐留半年でつぎの指揮官と交代し帰国後退官している。最終階級は空軍少佐であった。殊勲航空十字章（ＤＦＣ勲章）二回。

補記　イギリス空軍の勲章とメダル

イギリス空軍は戦功のあったパイロットに対しては、直ちにその功績に対し相応の勲章やメダルを授与した。ただし授与基準は士官（准士官を含む）と下士官とでは厳然とした違いがあった。士官に対しては「勲章（Decoration）」が授与され、下士官には「メダル（Medal）」が授与され、佩用する「章」のデザインとリボンに違いがあった。

（注）日本陸海軍の場合の戦功に対する勲章の授与は、当該戦争が終結した後に論功行賞が行なわれ、しかる後に該当する勲章（金鵄勲章＝戦功に対する七階級の勲章）が授与された。このために多くの功労者は戦死後の受勲となった。

したがってイギリス空軍では、下士官操縦士としての功績メダルを授与された後に士官に昇進した操縦士は、さらなる功績に対しては士官待遇としての「勲章」が授与されたのである。

次にイギリス空軍士官・下士官が授与された勲章やメダルについて紹介する。

○最高殊勲章（Distinguished Service Order＝DSO）

飛行中隊以上の指揮官が授与資格を持ち、多数の撃墜や多数出撃、さらに多くの困難な作戦の指揮に対して武功顕著であった者に授与される。イギリス陸海空軍共通の勲章で、軍人が授与される最高の武功勲章の「ヴィクトリア十字勲章」に次ぐ高位の武功勲章である。

○殊勲航空十字章（Distinguished Flying Cross＝DFC）

直接の戦闘行為（撃墜記録や出撃記録および攻撃効果など）において秀でた勲功を立てた士官パイロットに授与される戦功十字勲章。例えば五機以上の撃墜や一〇〇回以上の戦闘出撃記録を持つ士官パイロットに授与される。さらに戦功を重ねれば（たとえば一五機以上の撃墜や二〇〇回以上の出撃など）再び授与される。しかしこのときは勲章そのものを授与されるのではなく、勲章の二度目の受賞を示す、リボンに装着する銀製のバー（クラスプ）が授与される。勲章のリボンは白地に七条の紫紺の斜めのストライプ。

この勲章を授与された戦闘機士官パイロットは多数にのぼるが、その多くはその後の激しい戦闘で戦死をとげており、この勲章の受勲は戦闘機パイロットにとっては栄光の証と同時に、死出への招待状にも例えられたのであった。

○空軍功績十字章（Air Force Cross＝ＡＦＣ）

直接の戦闘行為以外の行為（作戦計画、部隊運用、補給活動など）で勲功のあった士官パイロットに授与される功績十字勲章。勲章のリボンは白地に七条の真紅の斜めのストライプ。

○殊勲航空章（Distinguished Flying Medal＝ＤＦＭ）

士官パイロットのＤＦＣに相当する功績を上げた下士官パイロットに授与される功績メダル。二度目や三度目の同メダルの受賞に対しては、ＤＦＣと同じようにリボンに装着する銀製のバーが授与される。メダルのリボンは白地にＤＦＣより細かい紫紺の斜めのストライプ。

イギリス軍最高の戦功勲章はヴィクトリア十字勲章（Victoria Cross）で、第二次大戦中の「イギリス空軍戦闘機」パイロットでこの勲章を受章したのは、バトル・オブ・ブリテンのときに授与されたジェームス・ニコルソン空軍少佐だけであった。

殊勲航空十字章（DFC）

あとがき

スピットファイア戦闘機はイギリス国民の誇りであった。イギリス人は第二次世界大戦でイギリスに勝利を導いてくれたのは、スピットファイア戦闘機とそのパイロットたちであると今でも確信している。

艦上戦闘機型のスピットファイア戦闘機を含め合計二万二〇〇〇機以上も生産された本機は、イギリス本国上空ばかりでなく、フランスやベルギー、オランダ上空で、地中海やイタリア上空、東南アジアのビルマ、オーストラリア上空で、あるいは戦争終盤の日本本土上空と極めてさまざまな航空戦を戦った。これほど広範囲で活躍した戦闘機は第二次大戦ではスピットファイア戦闘機以外には存在しない。

イギリス空軍（イギリス連邦軍も含む）で五機以上の敵機を撃墜したパイロットに与えられる、「エース」の称号を得た戦闘機パイロットは合計八七一名に達した。そしてこの中の約七〇〇名はスピットファイア戦闘機のパイロットである。しかしその中の一七〇名以上はドイツ機やイタリア機、あるいは日本機に撃墜され戦死している。スピットファイア・エースの約四分の一が戦死したことになるのだ。つまりエースの資格を得る前に空中戦で戦死したスピットファイア戦闘機のパイロットは、この何倍にも達していることも考えなければならないのである。スピットファイア戦闘機の名声はこれら影の人々の上にも成り立っているのである。

スピットファイア戦闘機を語るときには単にこの航空機の性能や型式ばかりを解説する以外にも、この機体を操縦したパイロットたちにも目を向ける必要があるのだ。

スピットファイア戦闘機の生産型は1型から最終の24型まで戦闘機型だけでも一三種類も開発されている。そして興味深いのはこの一三種類の型式の戦闘機は、つねに新たなドイツ戦闘機の出現があったために改良され開発されたものであったことである。

スピットファイア戦闘機がこれほど多くの改良を加えられたにもかかわらず、つねにその目標とする性能を発揮できた背景には、この機体の基本設計の素晴らしさがあったことを忘れてはならない。設計者のミッチェル技師に称賛の言葉を贈らなければならないのではなかろうか。

もう一つ忘れてはならないことは、この戦闘機に採用されたロールスロイス・マーリン系エンジンの卓越した性能である。このエンジンに付加された高空でも高性能を発揮する仕組みとなった二段二速過給器は、この戦闘機の性能向上にどれほど役に立ったかを忘れてはならないのである。これもロールスロイス社の非凡なエンジン設計能力と、その複雑な組み立て能力の卓越さが、スピットファイア戦闘機を強力な戦闘機に仕上げたのである。

現在世界中にはフライアブルなスピットファイア戦闘機は二〇機以上も存在する。この戦闘機の素晴らしい飛行姿や歯切れのよいマーリンエンジンの爆音を、今ではインターネットを操ることにより画面で見聞きすることができ、そして感動できる。

本書を一読いただくことにより、この戦闘機がどのような経緯で開発され、どのような活躍をしたかをご理解いただけたことと思う。スピットファイア戦闘機に対するイギリス人の思いは、日本人の零式艦上戦闘機やアメリカ人のノースアメリカンP51マスタング戦闘機に対する思いと同じ、あるいはそれ以上の格段なものと言えるのである。

写真／野原茂＊Blandford Press『Orders,Medalsand Decoration of Britain and Europe』1967＊Macdnald『Fighter Squadron of The R.A.F and Their Aircraft』No.11 Squadron 1969＊雑誌「丸」編集部＊著者

ＮＦ文庫書き下ろし作品

NF文庫

スピットファイア戦闘機物語

二〇一九年二月二十一日 第一刷発行

著 者 大内建二

発行者 皆川豪志

発行所 株式会社 潮書房光人新社

〒100-8077 東京都千代田区大手町一-七-二

電話／〇三-六二八一-九八九一代

印刷・製本 凸版印刷株式会社

定価はカバーに表示してあります

乱丁・落丁のものはお取りかえ致します。本文は中性紙を使用

ISBN978-4-7698-3105-1 C0195

http://www.kojinsha.co.jp

NF文庫

刊行のことば

第二次世界大戦の戦火が熄《や》んで五〇年——その間、小社は夥しい数の戦争の記録を渉猟し、発掘し、常に公正なる立場を貫いて書誌とし、大方の絶讃を博して今日に及ぶが、その源は、散華された世代への熱き思い入れであり、同時に、その記録を誌して平和の礎とし、後世に伝えんとするにある。

小社の出版物は、戦記、伝記、文学、エッセイ、写真集、その他、すでに一、〇〇〇点を越え、加えて戦後五〇年になんなんとするを契機として、「光人社NF（ノンフィクション）文庫」を創刊して、読者諸賢の熱烈要望におこたえする次第である。人生のバイブルとして、心弱きときの活性の糧《かて》として、散華の世代からの感動の肉声に、あなたもぜひ、耳を傾けて下さい。